교과서가
쉬워지는
초등
신문 읽기

문해력부터 수능 비문학까지
자기주도학습으로 대비하기

교과서가
쉬워지는
초등
신문 읽기

바른 교육 시리즈 39

이혜진 지음

서 사 원

세상을 읽는 아이로 키웁니다

최상위권 아이들에겐 몇 가지 공통점이 있다. 먼저 교과서를 비롯해 책, 신문, 잡지 등 다양한 읽기 자료를 꾸준히 읽는다. 독서를 통해 얻은 배경지식과 어휘력을 바탕으로 계속해서 수준 높은 내용에 도전한다.

두 번째로 자기가 알고 있는 지식과 정보를 적재적소에 활용할 줄 안다. 친구에게 설명할 때, 시험 볼 때, 토론할 때, 글을 쓸 때 상황에 맞는 지식을 떠올리고 상대방이 이해할 수 있도록 적절하게 표현한다. 미래 인재에게 요구되는 사고력과 논리력, 의사소통 능력을 두루 갖추고 있는 것이다.

마지막으로 자기 소신이 뚜렷하며 자신감이 넘친다. 자기가 뭘 좋아하고 싫어하는지, 어떤 의견에 찬성하고 반대하는지 정확히 알고 갈팡질팡하지 않는다. 낯선 상황이나 문제를 만나도 두려워하지 않고 몰라도 부끄러워하지 않는다. 지금 당장 모르더라도 조금 더 배우고 여러 번 연습하면 잘할 수 있다고 믿는다. 경험을 통해 자기 효능감과 자존감을 튼튼히 다진 결과다.

또래보다 탁월한 실력은 문해력에서 나온다. 문해력이 뛰어난 아이는 새로운 책을 읽어도, 시험에 낯선 지문이 출제돼도 머릿속 정보를 활용해 스스로 소화해 낸다. 다채로운 읽기 자료를 통해 사회 전반에 대한 배경지식과 어휘를 익혔기 때문이다. 독서는 읽으면 읽을수록 더 잘 읽게 되는 선순환 효과를 발휘한다. 문해력이 강한 아이는 학교, 은행, 박물관은 물론 담벼락에 붙은 전단지에서도 정보를 읽고 습득한다.

같은 학년, 같은 교실에서도 아이들의 읽기 실력은 천차만별이다. 배움의 모든 순간, 아이는 읽느냐 마느냐 선택의 기로에 놓인다. 어떤 선택을 하느냐에 따라 아이의 문해력은 성장하거나 퇴보한다.

궁극적으로 문해력은 향후 아이의 학습 능력을 결정짓는 절대적 요소로 작용한다. 교육 전문가들이 독서를 강조하는 것도, 많은 부모님이 자녀의 독서 교육에 심혈을 기울이는 것도 이런 이유 때문이다. 문제는 팬데믹 여파로 학교 교육에 공백이 생기면서 아이들의 문해력에 빨간불이 들어왔다는 점이다. 온라인 교육으로 대체됐던 공교육은 다시 대면 교육으로 전환됐지만 아이들의 문해력 격차는 심각한 수준으로 벌어졌다. 떨어진 문해력을 키우려면 열심히 읽는 수밖에 없다. 주인공이 멋지게 활약하는 이야기책도 좋고, 아이가 좋아하는 분야의 지식 그림책도 좋다. 아이 수준에 맞는 글을 꾸준히 읽다 보면 문해력이 조금씩 쌓이며 튼튼해진다. 읽기 자체를 싫어하는 아이에게는 반드시 부모가 도움을 줘야 한다. 아이의 키 성장을 위해 매일 우유를 따라 주는 것처럼 문해력 성장을 위해 부모는 영양가 있는 읽을거리를 꾸준히 제공해야 한다.

책 추천 어려운 부모, 책 읽기 힘든 아이
매일 새롭고 유용한 '신문 읽기'를 대안으로

아이에게 딱 맞는 책을 꾸준히 추천해 줄 수 있다면 좋겠지만 결코 말처럼 쉽지 않다. 덮어놓고 학원에 보내는 것도 능사는 아니다. '안' 읽던 아이를 '잘' 읽는 아이로 바꾸는 건 기적에 가까운 일이기 때문이다. 여러 방법을 다 써 봤는데 통 먹히질 않았다면 아이와 함께 신문 읽기에 도전해 보기 바란다. 신문은 책을 대신할 수 있는 매우 훌륭한 대안이다.

신문을 어렵고 고리타분하게 여기는 사람들이 적지 않다. 하지만 알고 보면 신문은 꽤 재미있는 매체다. 어린이신문은 특히 그렇다. 요즘 아이들에게 인기 있는 장난감부터 유명 아이돌이나 프로 게이머 인터뷰까지 어린이 독자들의 관심과 호기심을 유발하는 맞춤형 정보가 가득하다. 어려운 고사성어도, 머리 아픈 수학 개념도 퀴즈나 만화로 각색돼 흥미롭게 제공된다.

신문은 교육적 효과도 탁월하다. 법, 정치, 경제, 과학 기술 등 교양과 상식을 쌓을 수 있는 최신 정보가 알차게 들어 있다. 찬반양론이 첨예하게 대립하는 윤리적 이슈는 토론 주제로 삼기 안성맞춤이다. 이색 직업, 유망 직종을 소개하는 기사나 전문가 인터뷰는 아이들의 진로 탐색에 큰 도움이 된다.

무엇보다 신문을 꾸준히 읽으면 문해력의 기초가 되는 배경지식과 어휘력이 쌓인다. 문해력이 향상되면 어린이신문을 읽던 아이도 자연스레 일반 신문에 관심을 보이며 스스로 수준을 높여 간다. 일단 신문의 맛을 알고 나면 부모가 잔소리하지 않아도 알아서 찾아 읽는다. 신문을 구독하면 매일 일정량을 꾸준히 읽는 습관을 들이는 데도 효과적이다.

마지막으로 신문은 가성비 '끝판왕'인 교육 자료다. 필요한 기사를 골라 스크랩해 두면 언제든 꺼내 볼 수 있는 나만의 지식 창고를 만들 수 있다. 오리고 접고 읽고 쓰고, 신문 한 부로 할 수 있는 교육적 활동이 무궁무진하다. 온 가족이 함께 신문을 읽고 대화를 나누면 그 자체로 훌륭한 독후활동이자 하브루타가 된다. 신문 한 부 가격은 웬만한 과자 한 봉지보다 싸다.

현대 사회는 매우 빠른 속도로 변한다. 사회의 흐름을 한 번 놓치면 쫓아가기가 쉽지 않다. 신문은 그 변화의 흐름을 쉽게 차근차근 알려 주는 '살아 있는 교과서'다. 매일 10분, 1면 표제만 읽어도 사회에서 논의되는 주요 사안들을 파악할 수 있다. 교과서 밖 세상을 공부하는 데 신문만큼 유용한 학습 도구는 없다. 온 가족이 함께 읽고 대화를 나누면 더 큰 효과를 기대할 수 있다.

매일 똑똑해지는 아주 작은 성공 습관
하루 10분, 신문 읽기의 기적

"인간을 좀 더 창의적이고 미래에 기여하는 존재로 만들고 싶다면 틀에 박힌 지식과 태도를 가르치기보다 현장에서 적극적인 발견의 기회를 제공하고 교육해야 한다."

어린이의 정신발달을 연구한 심리학자 장 피아제가 한 말이다. 어른보다 더 바쁜 일상을 소화하는 아이들에게 신문은 삶의 현장을 간접 체험할 수 있는 경험의 장, 자신의 관심 분야나 진로를 발견할 수 있는 탐험 공간이 되어 준다. 아이는 살만 칸(비영리 온라인 교육서비스 '칸 아카데미' 설립자 겸 CEO), 루이스 폰 안(외국어 학습 앱 '듀오링고Duolingo' 창업가) 등 인생의 롤 모델을 발견하고 "유레카!"를 외칠지도 모른다. 인생의 목적을 발견한 아이는 대한민국 부모님이 그토록 바라는 '자기주도적 학습자'로 진화한다.

신문엔 아이들이 학교에서 배우는 교과 내용은 물론 실생활에 바로 적용해 볼 수 있는 지식과 정보가 집약적으로 들어 있어 제대로 읽기만 해도 교육적 효과를 충분히 누릴 수 있다. 토론, 논술 대비처럼 특별한 목적이 있을 때도 신문은 실용적인 참고서이자 모범 답안으로 그 역할을 톡톡히 해낸다.

신문은 재미있게 읽는 것만으로도 다양한 효과를 볼 수 있는 교육적인 매체다. 아이에게 신문은 세상에 대한 호기심에 불을 당기고, 자기주도적으로 탐구하고 도전하도록 이끄는 매력적인 선생님이 되어 준다. 신문을 읽는 아이는 머지않아 세상을 읽는 아이로 자라난다.

온 가족이 함께 성장하는 신문 활용 교육
'읽는 길'을 넘어 '배움의 길'로 가는 여정

'신문 활용 교육Newspaper In Education, NIE'은 신문을 이용해 다채롭고 의미 있는 교육 활동을 하는 것이다. 이름만 놓고 보면 어렵고 거창해 보이지만 실제로는 오히려 정반대다. 신문에서 여행하고 싶은 나라 사진을 오려 책상 앞에 붙이는 일, 새로 배운 단어를 일기 쓸 때 한번 써 보는 일, 흥미롭게 읽은 기사를 친구에게 실감 나게 이야기하는 일. 이 모든 게 신문 활용 교육의 훌륭한 예다.

신문 활용 교육의 가장 큰 장점은 아이들에게 이제껏 경험해 보지 못했던 멋진 세계와 언어를 소개해 줄 수 있다는 점이다. 신문을 읽을수록 아이의 시야는 넓어진다. 어른의 말을 따라 읽으며 어휘력이 쌓인다. 신문을 통해 여러 분야의 전문가를 만나고, 서로 다른 관점의 글을 비교해 읽으면 아이들의 사고력 역시 자연스레 깊어진다.

때론 기상천외하고, 때론 가슴 절절한 사연을 읽으며 아이들은 이야기에 흠뻑 몰입한다. 집 나갔던 집중력, 문해력도 금세 제자리로 돌아온다. 신문엔 아이들의 지적 호기심을 충족시켜 줄 각종 정보와 지식이 알차게 들어 있다. 그래서 어렵지만 도전해 볼 만한 가치가 있다.

매일 관심 가는 기사를 '한 꼭지'씩만 읽어도 아이의 어휘력과 문해력, 의사소통 기술은 몰라보게 좋아진다. 좋은 음식을 먹고 꾸준히 운동하면 나날이 건강해지는 것과 같은 이치다. 양질의 콘텐츠를 계속해서 읽고 말하고 듣고 쓰면 배움의 기초 근력이 점점 튼튼해진다.

신문을 교육적으로 활용하고 싶은 부모님들께 도움이 되고자 하는 마음으로 이 책을 썼다. 두 아이의 엄마로 아이들을 키울 때,

독서지도사로 학생들을 가르칠 때 유용했던 방법들을 모아 엮었다. 아이들의 기질이나 성향, 관심사가 제각각인 만큼 이 책에 나온 방법들이 모두에게 '정답'은 아닐 것이다. 그러니 하나의 참고자료로 편하게 읽어 주시길 바란다.

신문을 처음 읽는 가정부터 이미 구독 중인 가정까지, 부담 없이 따라 할 수 있는 실천적인 방법들을 담았다. 신문과 친해지는 놀이부터 어휘력과 배경지식을 향상시키는 과정까지 단계별로 내용을 구성했다. 문해력의 기틀을 닦은 후엔 논리력과 사고력, 의사소통 실력을 다질 수 있도록 다채로운 쓰기, 말하기 활동을 배치했다. 자녀의 나이와 읽기 수준을 고려해 선택적으로 활용하면 교육적 효과를 톡톡히 볼 수 있을 거라 믿는다.

NIE는 신문을 읽는 아이뿐만 아니라 부모에게도 공부가 되는 온 가족 학습법이다. 매일 따뜻한 밥을 먹듯, 자녀와 함께 신문 읽기를 권한다. 대화 주제가 날로 풍성해지고 아이의 사고가 점점 깊어짐을 피부로 느끼게 될 것이다. 평생 배움의 시대다. 부모가 먼저 솔선수범해 신문을 읽자. 가족 모두가 함께 성장하는 기반이 조성될 것이다. 앞으로 더 많은 가족들이 NIE에 동참하길 바라본다.

이혜진

신문 활용 교육 STEP 5

말하기 실력 키우는 하브루타

신문 활용 교육

WARMING UP

우리가 신문을
읽는 이유

01 | 의외로 놓치기 쉬운 모국어 성장

　　몇 년 전, 초등 2학년이던 둘째 때문에 웃지 못할 사건이 벌어졌다. 탁자 위 꽃을 보며 아이가 무심코 뱉은 한마디 때문이었다.

　　"엄마, 이거 실화야?"

　　꽃을 선물할 거면 돈으로 달라던 엄마가 웬일로 꽃을 꽂아 놨으니, 의아해서 던진 질문인 줄 알았다. 엄마가 비싼 꽃을 돈 주고 산 게 '실화(실제로 있는 이야기, 實話)'냐는 뜻으로 받아들였다. 요즘 아이들이 너무 자주 쓰는 말 아닌가.

　　"이 꽃? 엄마가 선물 받은 거야."

　　그냥 웃고 넘기려는데 아이가 재차 물었다.

　　"아니, 이거 실화냐고."

　　눈을 반짝이며 묻던 아이는 내가 못 알아듣자 설명을 덧붙였다.

"가짜 꽃은 조화라고 하잖아. 이건 실제 살아 있는 꽃이냐고!"

아뿔싸. 아이는 '생화'를 '실화'로 잘못 알고 있었다. 해명을 들어보니 '실제'란 말과 한자(花)를 접목해 살아 있는 꽃을 '실화'라 불렀단다. 나름 아는 단어를 조합해 추론한 모양인데, 번지수가 제대로 틀렸다. 한자 뜻을 풀어 가며 설명을 해 주니 아이는 부끄러웠는지 배시시 웃으며 줄행랑을 쳤다. 아이는 잠시 창피했겠지만 나에겐 꽤 충격적인 사건이었다.

읽어도 이해하지 못하는 '실질적 문맹'
수박 겉핥기식 학습이 원인

내가 육아를 하며 가장 열심히 한 일은 아이들과 '함께 읽기'였다. 그림책부터 조간신문까지 눈에 띄는 모든 것을 읽고 또 읽어 주었다. 뭐든 꾸준히 읽어 문해력을 잘 다져 놓으면 어디서든 '배우는 아이'가 될 거라 믿었기 때문이다.

학교에 입학하면 아이들은 부모의 도움 없이 혼자 많은 자료를 읽고 이해해야 한다. 교과서는 기본이고, 선생님께서 나눠 주시는 각종 학습지 문제도 스스로 읽고 해결해야 한다. 수업 시간 쉴 새 없이 바뀌는 모니터 화면, 학교 벽면에 붙어 있는 다양한 포스터와 알림판 정보까지, 문해력이 제대로 갖춰져 있지 않으면 읽어도 이해하지 못하는 불상사가 생길 수밖에 없다.

'문해력을 체력만큼 튼튼히 키우자'는 생각은 아이들이 자라며 확고한 신념으로 굳어졌다. 아이들이 초등 저학년일 때 체험학습 삼아 박물관에 자주 다녔는데, 갈 때마다 부모로서 부끄러워지는 순간이 적지 않았다. 어른인 나 역시 안내판을 읽고도 무슨 말인지 모르는 경우가 꽤 많았기 때문이다.

엄마로서 진땀 뺐던 박물관 중 하나는 국립민속박물관이었다. 예를 들어 '사례편람 기제사 절차' 안내판엔 사례편람이 무엇인지, 기제사가 무슨 뜻인지 아무런 설명이 없다. 그저 진설, 출주, 참신 등 각각의 '절차'만 주르륵 열거돼 있을 뿐이었다. 혼례 부분도 마찬가지. 납폐가 무엇인지, 친영이 무엇인지 스마트폰의 도움 없이는 어른도 이해하기 힘든 내용이 수두룩했다.

고개를 갸우뚱거리는 아이 옆에서 나는 낱말 뜻을 검색하느라 스마트폰에 코를 박기 일쑤였고, 검색을 마치고 설명하려하면 아이는 벌써 다른 곳에 정신이 팔려 있었다. 박물관에서 우리는 그야말로 실질적 문맹인이었다. 큰마음 먹고 떠난 '체험학습'은 '수박 겉핥기'로 끝나는 경우가 태반이었다.

이제 박물관에 가면 해설 프로그램 시간부터 확인한다. 현장 해설이 시작되면 선생님 뒤를 유치원생처럼 졸졸 쫓아다닌다. 설명을 들으며 봐야 현장을 100퍼센트 이해하고 돌아올 수 있다는 걸 여러 번의 시행착오 끝에 깨달았다.

비슷한 경험이 반복되니 의문 하나가 떠올랐다. 이런 일이 비단 박물관에서만 일어날까. '읽고도 이해하지 못하는 상황'은 우리 삶 전반에서 매일같이 일어난다. 병원에서, 보험사에서, 온라인 쇼핑 몰에서 나는 자주 '멘붕(멘탈과 붕괴의 합성어)'에 빠진다. 그중에서도 가장 무시무시한 곳은 은행이다. 은행 창구 앞에 앉으면 직원의 설명을 제대로 이해하지 못할까 봐 늘 초긴장 상태가 된다. 반백 살을 산 어른도 이렇게 헤매기 일쑤인데, 이제 막 한글을 깨친 아이들은 오죽할까.

글을 읽고도 이해하지 못하거나, 특정 단어를 엉뚱한 의미로 인식하는 일은 단순히 웃고 넘어갈 해프닝이 아니다. 어려선 작은 실수에 지나지 않던 문제가 고학년이 되면 성적을 좌우하는 결정적 변수가 된다. 거듭된 오해와 착각은 돌이킬 수 없는 실패와 갈등의 원인이 되기도 한다.

모국어, 매일 쓴다고 '잘'하게 되지 않는다
문해력 위해 어휘력부터 탄탄히 다져야

'생화'를 '실화'로 착각한 둘째에게 "이거야말로 실화냐?" 반문하며 웃었지만 사실 아이의 어휘력엔 이미 빨간불이 들어온 터였다. 코로나19 바이러스가 전 세계를 강타하며 학교에 가지 않는 날이 이어졌고, 정규 교육과정이 온라인 교육으로 대체되며 학생들의 문해력은 유래 없이 크게 약해졌다. 2022년 통계청이 발표한 '초중고 사교육비 조사 결과'에 따르면 팬데믹 전인 2019년 대비 3년간 국어 사교육비 증가율이 26.8퍼센트로 가장 많이 증가했다. 수학(13.1퍼센트), 영어(9.7퍼센트)와 비교하면 2배 이상 높은 수치다.

우리 집 둘째 역시 학교에서 읽기와 쓰기를 집중적으로 연습해야 할 2학년 시절을 허송세월했다. 모니터 속 선생님을 바라만 볼 뿐 아이는 적극적으로 쓰지도, 읽지도 않았다. 그 결과 어휘력과 문해력에 구멍이 숭숭 뚫렸다. 고학년이 될수록 생활 전반에서 예상치 못한 문제가 속속 나타나기 시작했다.

알파벳을 익혔다고 모든 영단어를 섭렵한 게 아니듯, 한글을 뗐다고 우리말에 통달하는 건 아니다. 꾸준한 읽기를 통해 새로운 어휘를 익히고 그 단어가 품고 있는 다양한 의미와 정서를 습득해야 진짜 어휘력이 쌓인다. 아는 단어가 많다고 문제가 해결되는 건 아니다. 배운 단어를 활용해 대화도 해 보고, 글로 써 봐야 제대로 단어를 쓸 줄 알게 된다. 이렇게 어휘력을 늘려야 문해력도 자란다. 아이, 어른 할 것 없이 모두에게 적용되는 이야기다.

아이들이 자주 하는 말실수가 있다. 내 동생이 일곱 살인지 칠 살인지, 우리 아빠가 마흔 살인지 사십 살인지 몰라서 틀리는 경우가 많다. 평소 자주 쓰지 않으니 어렵게 느껴지는 것이다.

우리말은 정확히 배우지 않으면 제대로 표현하기 어렵다. 한자어, 순우리말, 외래어가 혼재돼 있어 차근차근 꼼꼼히 익혀야 한다. 꾸준히 노력하지 않으면 아무리 모국어라도 구멍이 생길 수밖에 없다.

모든 학습은 '읽기'에서 출발한다. 음식을 만들 때도, 식물을 키울 때도 전문가를 찾아가 묻지 않는 이상 우리는 누군가가 쓴 글을 읽고 배워야 한다. 글을 읽고 이해하려면 글을 이루는 문장, 문장을 구성하는 낱말을 제대로 파악해야 한다. 우리가 문해력에 앞서 어휘력을 탄탄히 다져야 하는 이유다.

세종대왕님께서는 백성을 어여삐 여겨 우리말 한글을 배우기 쉽게 만드셨다. 그러나 착각하지 말아야 한다. 한글은 익히기 쉬운 언어이지 '잘하기 쉬운' 언어가 아니다. '미국 거지도 영어는 잘한다'는 우스갯소리처럼 우리말을 할 줄 아는 것과 잘하는 것은 하늘과 땅 차이다. 우리가 그저 매일 사용한다고 해서 모국어 실력이 저절로 느는 것은 아니다. 악기나 운동처럼 우리말도 지속적으로 읽고 배워야 잘하게 된다. 문해력이 자라야 모국어 실력이 자라고, 모국어 실력이 탄탄해야 진정한 배움이 시작된다.

02 | 우리말도 영어처럼
노출이 중요하다

 식당이나 카페에 가면 옆자리에 앉은 사람들의 대화를 의도치 않게 듣게 된다. 아무리 소란스러운 장소라도 바로 옆에서 나누는 대화는 들리게 마련이다. 가족들이 모여 앉은 경우엔 대부분 비슷한 주제의 이야기가 오간다. 친지들의 근황을 주고받고, 서로의 건강을 염려하며 소소한 일상을 공유한다.

 학령기 자녀를 키우는 가족들 사이에선 당연히 자녀 교육 얘기가 빠지지 않는다. 매우 높은 확률로 시험과 점수, 등급 얘기가 나오고 대입 로드맵까지 쫙 펼쳐진다. 불쑥 '공부 잘하는 옆집 아이'도 튀어나온다. 대화를 나누는 가족들 표정이 좋을 리 없다.

 강연을 할 때마다 문해력 교육만큼 평소 아이들과의 대화에도 관심을 가지시라고 당부드린다. 부모와 나누는 대화는 아이들의

내적 성장에 매우 큰 영향을 미칠 뿐 아니라 정서적 안정에도 큰
도움이 되기 때문이다.

부모와의 대화, 세상을 배우는 시간
우리는 아이에게 어떤 '말'을 전하고 있을까?

평범한 아이를 세계적 인재로 키우는 유대인들도 부모와 자녀가
나누는 대화를 교육의 핵심으로 꼽는다. 아이들은 부모와의 대화
를 통해 삶의 문제를 해결하는 여러 방법을 배운다. 선과 악, 옳고
그름, 선의와 정의 같은 추상적인 가치도 깨닫게 된다. 일상적인
대화든 격렬한 토론이든 아이는 부모와 대화를 나누며 새로운 관
점을 배우고, 세상에 존재하는 낯선 어휘를 익혀 나간다.

　대화 도중 부모가 던지는 질문은 아이의 생각을 자라게 한다.
아이가 미처 생각하지 못한 부분을 부모가 톡톡 건드려 줄 때, 아
이의 생각은 조금씩 넓고 깊어진다. 이슬비에 옷이 젖듯, 평소 부
모와 나누는 대화는 아이의 언어와 사고를 확장시킨다.

　이쯤에서 곰곰이 생각해 보자. 우리는 아이와 어떤 대화를 나누
고 있을까? 하루 동안 아이와 주고받은 말을 복기해 보면 빈 껍데
기인 경우가 적지 않다. 아침엔 헐레벌떡 일어나 "밥 먹어! 늦었어!
양치해야지!" 소리치다 아이가 학교 갔다 돌아오면 "간식 줄까? 숙

제했어? 학원 가야지!"로 이어진다. 학원에서 아이가 돌아오면 어느새 늦은 밤. 결국 대화는 "손 씻어! 밥 먹자. 이제 자야지!"로 귀결된다. 하루 24시간 아이와 나눈 대화는 익숙하고 의미 없는 말들이 반복될 뿐이지 새롭고 의미 있는 말들은 찾아보기 힘들다.

많은 부모님이 아이에게 양질의 '영어 환경'을 조성해 주려고 노력한다. 틈날 때마다 영어책을 읽어 주고 재미있는 영어 동영상도 열심히 찾아 보여 준다. 애니메이션부터 어린이 눈높이에 맞춘 다큐멘터리까지, 주제도 다채롭다. 차량으로 이동하는 자투리 시간도 놓치지 않는다. 각종 스마트 기기를 이용해 영어 노출에 힘쓴다. 아이가 영어를 모국어처럼 자연스레 습득하길 바라기 때문이다.

그렇다면, 우리 아이들은 얼마나 좋은 모국어 환경에 놓여 있을까? 부모 세대는 학교 친구들, 동네 언니 오빠들과 신나게 골목길을 누비며 새로운 말을 익혔다. 일가친척 어른들의 대화를 늘상 '흘려 듣기'하며 웅숭깊은 속담부터 찰진 사투리까지 어깨너머로 자연스레 배웠다. 그렇게 어려운 줄도 모르고 모국어를 확장해 나갔다.

그러나 일명 '코로나 세대'로 불리는 우리 아이들은 다르다. 3년여간 시행된 사회적 거리두기로 선생님, 또래 간 상호작용이 원활하지 않다. 일상이 회복된 지금도 상황은 크게 다르지 않다. 학교가 끝나면 학원 일정에 맞춰 뿔뿔이 흩어지기 바쁘다. 집으로 돌아가도 마찬가지다. 바쁜 부모님과 더 바쁜 아이들은 대화는커녕 서로 안부 물을 시간도 없다. 책 읽을 시간은 더 없다. 꾸역꾸역 문제집을 풀며 '부양', '계류' 같은 단어를 외운다.

한 학교 선생님께서 들려주신 얘기다. '사공이 많으면 배가 산으로 간다'는 속담을 들은 아이들은 일단 '사공'이란 단어를 몰라 헤맨다고 한다. 그래서 사공의 뜻을 알려 주면 "사공은 대단한 사람!"이라며 감탄한단다. 배를 산으로 옮기느라 얼마나 힘들었겠냐며 엄지손가락까지 치켜세운다고 한다. '일이 엉뚱하게 돌아간다'는 속담을 '불가능은 없다'로 해석하는 기적의 논리에 선생님은 할 말을 잃었다고 했다.

영어 선생님들도 속이 터지긴 마찬가지다. 영어가 아니라 우리말을 이해하지 못해 실력이 제자리인 아이들이 적지 않기 때문이다. 'socialization'이란 단어를 외우고도 정작 '사회화'란 말뜻을 이해하지 못해 문제를 틀리는 일이 다반사로 일어난다. 수업을 하다 보면 영어 수업을 하는 건지, 국어 수업을 하는 건지 헷갈릴 정도라는 게 선생님들의 전언이다.

아이가 제대로 배우길 원한다면
읽기와 대화로 풍부한 모국어를 경험해야

세상을 배워 나가는 아이들에게 모국어는 학습을 위한 기본 도구다. 아이를 영어에 노출시키는 정성만큼 우리 아이의 모국어 환경에도 신경을 써야 한다. 많은 부모님이 자녀의 문해력 교육을 위해 값비싼 전집을 들이고 주말마다 도서관에 다니며 아이가 책과 친해지도록 애쓴다. 아이의 교육을 위해 맹자의 어머니처럼 '도세권(도서관이 가까운 지역)'을 찾아 이사하는 경우도 있다.

그러나 함께 책을 읽으며 아이가 책을 소화하고, 완전히 흡수할 수 있도록 돕는 데엔 소홀한 경우가 적지 않다. '구슬이 서 말이어도 꿰어야 보배'인 것처럼 아무리 많은 책을 읽어도 독서의 효용을 높이는 활동을 하지 않으면 그 효과는 미미할 수 밖에 없다. 강연 때마다 "아이가 책을 제대로 이해하며 읽는 것 같지 않아 걱정이에요."라는 하소연이 끊이지 않는 이유다.

책을 읽어도 걱정, 읽지 않아도 걱정인 부모님들께 내가 추천하는 대안은 바로 신문이다. 사회, 경제, 정치, 예술 등 전 분야의 최신 정보를 정확히 알려 주는 신문은 그 자체로 매일 발행되는 백과사전과 같기 때문이다.

요즘 신문은 지나치게 어렵거나 딱딱하지도 않다. 중요한 뉴스는 물론 신박하고 재미있는 소식도 많다. 최첨단 기술과 유행은 당연히 실려 있고, 전 세계 곳곳에서 일어나는 신비하고 기상천외한 일 등 호기심을 콕콕 자극하는 기사들이 보석처럼 숨어 있다.

무엇보다 신문은 온 가족이 함께 읽고 대화를 나눌 수 있는 주제를 풍부하게 제공한다. 현기증이 날 정도로 빠르게 변하는 현대 사회에서 부모는 아이가 꼭 알아야 할 정보를 알려 줄 수 있어 좋고, 아이는 독서에 대한 부담감에서 해방될 수 있어 좋다. 각자 고른 기사를 읽고 식사를 하며 대화를 나누면 그 자체로 훌륭한 밥상머리 교육이 된다. 읽기와 대화를 통해 부모가 친절한 국어사전이 되어 줄 때, 아이의 모국어 실력은 빠르게 성장한다.

아이를 영양가 있는 모국어에 '노출'시키려면 부모의 의식적인 노력이 필요하다. 아이가 내용과 맥락을 파악하는 안목을 키울 수 있도록 끊임없이 양질의 읽기 자료를 제공하고 함께 읽어야 한다. 영어 잘하는 아이로 키우기 위해 영어 노출 시간을 늘리는 것처럼 제대로 읽고 이해하는 아이로 키우려면 풍부한 모국어 노출이 필수다.

03 | 아이의 가능성을 틔우는 아주 작은 성공 습관

신문사에서 교육 기사를 쓰며 전국에 내로라하는 천재, 영재, 수재들을 많이 만났다. 출신 지역도, 잘하는 분야도 제각각인 아이들이었지만 공부 잘하는 이유로는 공통적으로 독서를 꼽았다. 이들은 탄탄한 독서력 덕에 또래 사이에서 두각을 나타낼 수 있었다고 자평했다.

이들의 눈부신 성과 뒤에는 자녀의 독서 교육에 진심이었던 부모님이 계셨다. 중학교를 조기 졸업하고 과학고에 입학했던 한 학생은 어렸을 적 엄마가 재미있게 읽어 준 전래동화 덕분에 책을 좋아하게 됐다고 말했다. 엄마 무릎 위에서 듣던 신비하고 아름다운 이야기들이 아이를 책의 바다에 빠뜨린 것이다.

홈스쿨링으로 딸을 7개 국어 능통자로 길러 낸 어머니도 마찬가지었다. 직접 아이를 가르치기 보다 언어에 대한 호기심을 잃지 않도록 학습 환경을 조성하는 데 주력했다. 흥미를 잃지 않아야 꾸준한 학습이 가능하다고 믿었기 때문이다. 이 어머니는 "공부는 아이가 하지만 학습의 시작은 엄마 몫"이라며 "자기주도적 학습은 흥미에서 비롯된다"고 조언했다.

내가 취재한 최상위권 학생들에게 배움은 '일상'이었다. 시험을 위해, 1등을 위해 치열하게 싸우는 전쟁이 아니라 궁금해서, 재미있어서 관심을 쏟다 보니 조금씩 잘하게 되는 과정이었다. "계속하다 보니 잘하게 됐어요."라는 어린 실력자들의 대답 속엔 놀라운 반복의 효과가 숨겨져 있었다.

배움이 재미로 바뀌는 짜릿한 반전
꾸준히 반복한 습관의 결과

상위권 학생들의 공부법엔 공통적으로 'N회독'이 포함돼 있다. 몇 페이지에 사진 자료가 있고, 어디에 연대표가 있는지 공부한 내용이 저절로 떠오를 때까지 교과서나 노트를 읽고 또 읽는다. 수학은 오답노트를 만들어 틀린 문제를 풀고 또 풀어 본다. 문제집 풀이든 온라인 강의 듣기든 학습 효율이 가장 높은 시간에 가장 효과적인 방법으로 배운 내용을 복습한다. 실력은 반복을 통해 쌓인다는 것을 경험으로 터득했기 때문이다.

특정 행동을 오래 반복하면 습관이 된다. 습관은 머리로 의식하지 않아도 몸이 저절로 반응하는 마법 같은 힘이다. 매일 10분 책 읽기, 매일 영어 단어 10개 외우기, 매일 줄넘기하기. 대단치 않아 보이지만 이 작은 습관들이 쌓이면 아무도 넘볼 수 없는 실력이 된다. 실력이 쌓이면 속도가 빨라진다. 같은 노력을 들이고도 훨씬 더 좋은 결과물을 창출해 낸다. 잠잠했던 물이 100도에 이르러 갑자기 끓어오르듯, 임계점을 넘은 습관의 힘은 학습의 고단함과 지루함을 단숨에 재미와 보람으로 바꿔 버린다. 학습 습관이 잘 잡혀 있는 학생들이 '즐겁게' 공부하는 이유다.

습관은 단순히 같은 행동을 반복하는 것이 아니다. 삶에 유익한 작은 행동들을 성장과 성공의 원동력으로 삼는 매일의 노력이다. 학습만화 대신 이야기책을 집어 드는 일도 별것 아니지만 꾸준히 반복하면 좋은 습관이 된다. 그리고 이런 습관들이 모이면 삶에 어마어마한 변화가 일어난다.

유익한 습관은 유용한 자산
신문 읽기는 삶에 가치를 더하는 습관

신문에 대한 내 최초의 기억은 아버지가 읽으시던 조간신문이다.

매일 아침 거실 탁자 위에 올려져 있던 신문은 어른들만이 이해할 수 있는 심오한 세계처럼 느껴졌다. 한자(漢字)가 점점히 박힌 커다란 흑백 종이를 들춰 보며 하루빨리 똑똑해지고 싶어 조바심이 났다. 나는 그저 아버지처럼 진지하게 공들여 신문을 읽는, 지적인 어른이 되고 싶었던 건지도 모른다.

아버지의 아침은 나를 신문 읽는 학생으로 자라게 했고, 그렇게 무럭무럭 자란 나는 아버지의 조간신문을 펴내는 신문사의 기자가 됐다.

우리 아이들이 읽은 최초의 신문도 내가 아침마다 읽었던 조간신문이었다. 아이들은 내가 펼쳐 놓은 신문지 위에서 한참을 뒹굴거렸고, 신문지를 찢기도 하고 뭉치기도 하며 신문에 익숙해졌다.

글자를 모르던 아이들은 신문 속 사진을 보며 신기해했다. 글자를 익힌 아이들은 동물과 자연, 로봇과 달나라 이야기를 읽으며 환호했다. 현대판 영웅들의 모험담을 읽을 때면 마치 재미있는 동화책 한 권을 읽은 것처럼 신나게 수다를 떨었다. 그렇게 조금씩 아이들은 신문과 친해졌다.

아버지처럼 나도 매일 신문을 읽는다. 아이들 역시 각자 원하는 시간에 원하는 기사를 찾아 읽는다. 어린이신문 명예기자로 활동하며 기사를 쓰기도 한다. 아이들을 키우며 부모의 태도와 습관이 자녀에게 고스란히 전해진다는 사실을 깨닫는다.

많은 부모님은 자녀가 아주 어릴 때부터 바른 습관을 들일 수 있도록 정성을 쏟는다. 건강한 식습관을 갖도록 골고루 먹이고, 외출 후엔 깨끗이 손을 씻도록 가르친다. 아이가 학령기에 접어들면 올바른 학습 태도를 가지도록 책상에 바로 앉는 법부터 세심하게 지도한다. '세 살 버릇 여든 가는' 습관의 힘을 잘 알기 때문이다.

부모는 아이들이 인생에서 처음 만나는 선생님이다. 아이들은 본능적으로 부모를 모방하며 배운다. 부모가 좋은 식습관을 가지고 있으면 아이의 식습관도 바르게 형성된다. 부모가 주말마다 도서관에 가면 아이도 곧 책과 친해진다. 유익한 습관은 부모가 아이에게 물려줄 수 있는 유용한 자산이자 가치 있는 유산이다.

신문 읽기는 아이에게 물려줄 수 있는 좋은 습관 중 하나다. 신문 읽기는 세상을 향해 예민한 안테나를 세워 놓는 것과 같다. 매일 신문을 펼치는 것만으로도 새로운 배움이 시작된다. 아이들에게 배움은 성장의 다른 이름이다.

04 | 한글을 뗐는데 '국어'는 왜 어려울까?

2023년 수능도 역대급이었다. 초고난도 문항, 이른바 '킬러 문항'을 배제한다는 대원칙 아래 치러진 첫 시험이었다. 소수의 킬러 문항이 사라지니 다수의 준 킬러 문항이 등장했다. 특히 국어의 변별력이 수학만큼 높아졌다. 극상위권을 가르는 기준은 국어로 바뀌었다. 어렵기로 소문난 독서(비문학) 문제는 물론이고, 상대적으로 쉽게 출제되던 문학도 어렵게 출제됐다. '국어의 배신'이란 말이 심심찮게 들려온다.

올해도 말 그대로 '불국어'였다. 이 말은 2019학년도 수능에서 처음 등장했다. 31번, '뉴턴의 만유인력 가설'에 대한 비문학 지문이 발단이었다. 국어 선생님은 틀리고, 물리 선생님은 맞히는 기이한 문제에 전국이 불타올랐다. 급기야 한국교육과정평가원 원장은 국어 지문의 길이와 난도를 더욱 면밀히 검토하겠다며 국민 앞에 고개를 숙였다. 전 국민이 매일 쓰는 모국어가 왜 이토록 어려운 걸까? 핵심은 '해독'이 아닌 '독해'에 있다.

국어, 공부가 필수인 학습 영역
낯설고 불친절한 글로 독해력 키워야

읽기에서 '해독(잘 알 수 없는 암호나 기호 따위를 읽어서 풂)'은 글자의 소리를 파악하고 읽어 내는 능력을 말한다. 한글을 뗀 다섯 살 아이는 '대한민국은 민주공화국이다'라는 문장을 소리 내 읽을 수 있다. 그러나 자기가 무슨 글자를 읽었는지 이해하지는 못한다. 독해가 안 되기 때문이다.

약한 바이러스를 주입해 몸에 항체를 만드는 예방접종처럼 조금은 낯설고 어려운 글을 읽어야 독해 능력이 쌓인다. 평소 좋아하는 분야의 책이나 쉬운 책만 읽어서는 '불친절한 국어 시험' 앞에 번번이 좌절할 수밖에 없다.

국어는 학습의 영역이다. 자연스럽게 체득되는 부분이 많은 모국어와는 차원이 다르다. 국어 문법은 영어 문법만큼 난해하고 복잡하다. 잘 안다고 생각해 등한시하다 큰코다치는 경우가 적지 않다.

다른 과목도 마찬가지지만 국어 실력은 단기간에 향상시키기 어렵다. 족집게 과외도 국어에선 통하지 않는다. 오죽하면 '다시 태어나는 것밖에 방법이 없다'는 말이 나왔을까. 효과적으로 국어 실력을 쌓고 싶다면, 내 수준보다 한 단계 높은 글을 접하며 읽기 근력을 키워 나가야 한다.

관성의 법칙은 독서에도 작용한다. 아이가 무엇을, 어떻게 읽는지 부모가 신경 쓰지 않으면 아이는 학년이 올라가도 편하고 익숙한 독해 수준에 머물러 있기 쉽다.

가전제품에 딸려 오는 사용설명서부터 어른들이 읽는 역사책까지 아이가 수준 높은 글에 도전할 수 있게 부모가 기회를 제공해야 한다. 부모가 먼저 "함께 읽자!"라고 제안하면 아이도 도전할 힘을 얻는다.

이 글은 어떤 특징이 있는지, 왜 이렇게 쓰였는지, 더 쉽게 고쳐 쓴다면 어떻게 쓸 수 있을지 질문을 던져 보자. 아이는 자연스레 글을 요리조리 뜯어보며 찬찬히 읽기 시작한다. 이런 과정을 반복하면 아이는 부모가 곁에 없어도 글 속 정보를 꼼꼼히 탐색하며 읽게 된다.

신문 한 부로 다양한 갈래의 글 경험
배경지식은 독해력 키우는 자양분

독서의 중요성을 부정하는 부모는 없을 것이다. 독서는 책 읽기를 뜻하지만 '읽기' 자체에 방점을 찍으면 범위는 더 확장된다. 신문, 잡지, 가정통신문 모두 독해력 향상에 도움이 되는 읽기 자료다. 특히 신문은 현실적 읽기 감각을 키워 주는 최적의 연습 자료다.

정치, 경제, 국제, 법률 등 전문 분야의 분석 기사는 일상에서 수준 높은 글을 접하는 좋은 기회가 된다. 신문에 보도된 최신 이슈는 수능을 비롯해 각종 시험에 자주 출제된다.

2024학년도 수능 사회탐구 과목에는 최근 논란이 되고 있는 'AI 기술을 활용한 미술 작품' 관련 문제가 출제됐다. 스토킹, 학교 폭력, SNS를 통한 허위·과장 광고 등에 대한 내용도 지문으로 등장했다. 같은 시간에 열리는 아이돌 공연과 뮤지컬 공연 중 어떤 것을 선택하는 게 더 이익인지 묻는 경제 문제도 출제됐다. 특정 주제를 심도 깊게 다룬 기사를 자주 접하면 시험에서 낯선 지문을 만나도 쉽게 흔들리지 않는다.

또 신문은 한 부만 읽어도 여러 갈래의 글을 경험할 수 있다. 소설가나 에세이 작가들이 쓰는 말랑말랑한 칼럼은 문학 작품과 견줘도 손색이 없다. 논설위원들이 쓰는 사설은 주장하는 글의 정석이다. 여행 전문 기자가 쓴 지역 탐방기는 한 편의 유려한 기행문이다. 다양한 배경을 가진 글쓴이들은 저마다 특색 있는 어휘와 수사로 독자의 마음을 사로잡는다. 신문을 꾸준히 읽는 것만으로도 이성과 감성이 한껏 고양된다. 문학, 비문학의 읽기 균형도 자연스레 맞춰진다.

신문은 세상을 이해하는 데 꼭 필요한 '넓고 얕은 지식'의 집합소다. 특히 초등 고학년 이상 아이들에게 신문은 사회 전반에 대한 배경지식을 쌓는 데 매우 유용하다.

배경지식은 학습 효율을 높이는 촉매제 역할을 한다. 내가 알고 있는 내용이 글에 포함돼 있으면 읽고 이해하기가 훨씬 더 수월해진다. 수행평가, 토론 등 각종 과제를 할 때도 배경지식은 유용한 재료가 된다. '민주주의'를 모른 채 우리나라의 근현대사를 이해할 수 없듯이 배경지식이 부족하면 학습 효율과 효과가 떨어지기 쉽다.

아이의 읽기 실력 향상을 위해 신문을 함께 읽어 보자. 부모가 아이 눈높이에 맞춰 기사 내용을 설명해 주면 아이의 이해력 향상에 큰 도움이 된다. 신문을 읽고 기사에 대한 자기 생각을 이야기해 보는 것도 독해 훈련으로 효과적이다.

다양한 분야의 글을 많이 접할수록 새로운 용어와 개념을 만날 기회도 늘어난다. 아이가 힘들어하면 채근하지 말고 한 문장씩 번갈아 읽어 보자. 부모가 읽은 신문 기사를 한 편의 이야기처럼 실감 나게 들려주는 것도 좋다. 어휘와 기초 지식이 쌓여야 독해력이 자란다는 사실을 잊지 말자.

05 | 내 아이를 위한 현명한 투자, 신문 구독

아이가 태어나는 순간, 부부의 삶은 180도 달라진다. 한마디로 미치고 팔짝 뛴다. 아이가 너무 예뻐서 미치고, 죽을 만큼 힘들어서 팔짝 뛴다. 편히 잠을 자지도, 먹지도 못한다. 화장실에서 즐기는 고독한 여유도 허락되지 않는다. 아이는 부모의 시간과 체력을 먹고 무럭무럭 자란다.

아이가 배움의 문턱에 들어서면 육아 난이도가 껑충 뛰어오른다. 아이에게 무엇을, 어떻게 가르쳐야 할까. 부모로서 이제 막 걸음마를 뗐을 뿐인데 상급자 코스의 문이 열린다. 육체적 고통을 뛰어넘는 정신적 고통이 시작된다. 상당량의 자본까지 투입된다.

좋은 대학에 가면 '인재'로 인정받던 시대는 갔다. 미래 사회는 창조, 융합, 협업과 같은 새로운 역량과 가치를 요구한다. 그럼에도 현실 속 교육은 변화의 속도를 따라잡지 못하고 있다. 이 엄청난 간극 속에 부모는 자꾸만 갈팡질팡하게 된다. 자녀 교육에서 오는 스트레스는 해가 갈수록 가중된다.

자녀 교육, 주변에 휩쓸리지 않으려면 가치와 목적을 담은 교육 철학 세워야

부모는 아이에게 삶에 도움이 되는 지혜를 물려줘야 한다. 풍부한 경험과 배움의 기회를 제공하고, 사람이든 물질이든 옥석을 구별하는 법도 알려 줘야 한다. 오늘의 즐거움보단 내일의 성장을 가치 있게 여기고, 타인을 배려하며 섬기는 법도 가르쳐야 한다.

아이를 교육하기에 앞서 부모가 해야 할 일은 삶의 철학을 세우는 일이다. 부모가 어떤 가치와 목적을 가지고 아이를 가르치느냐에 따라 교육의 방향과 결과가 달라지기 때문이다.

나 역시 두 아이의 엄마로서 '어떻게 교육할 것인가'를 두고 끊임없이 고민한다. 쏟아지는 교육 정보와 주변 조언을 듣고 나면 마음이 어지러울 때도 많다. 그럴 때면 도서관에서 책을 찾아 읽고 신문으로 미래의 향방을 가늠해 본다. 그러면 복잡했던 생각과 마음이 다시금 제자리로 돌아온다. 교육은 대학 간판을 따기 위한 시험공부가 아니라, 성숙한 어른이 되기 위한 과정이라 믿기 때문이다.

우리 집은 '도움이 되는 사람으로 키운다'는 목표 아래 아이들을 가르친다. 부모가 먼저 길거리에 버려진 쓰레기를 주우며 타인에게 도움이 되는 방법을 보여 준다. 친구에게 모르는 문제를 설명해 주는 것도, 깨끗한 옷과 장난감을 지역 사회에 기부하는 것도 모두 주변에 보탬이 되는 방법이다. 작은 일부터 하나씩 실천하며 방법을 찾으면 아이들도 서서히 따라 배운다.

중학생인 첫째 아이의 담임 선생님께서 아이에게 감동했던 일이 있다며 이야기를 들려주셨다. 쉬는 시간 선생님 혼자 청소함을 교체하고 있는데, 교실 바닥이 지저분해지자 아이가 조용히 빗자루를 가져와 교실 바닥을 청소했다고 한다.

첫째는 초등 2학년 때만 해도 '학포자(학업을 포기한 사람)'가 될 가능성이 높다며 담임 선생님께 꾸지람을 듣던 아이였다. 그랬던 아이가 초등 고학년 이후부터는 선생님들에게 '의지가 되는 학생'이란 말을 자주 듣는다. 학기 말 성적표엔 '미래가 기대되는 학생'이란 평이 빠지지 않는다. 자랑을 하자는 게 아니다. 첫째는 우리 부부의 바람대로 남에게 도움이 되고자 노력하는 아이가 됐다는 뜻이다. 부모가 어떤 가치를 두고 아이를 교육 하느냐에 따라 아이의 모습은 달라진다. 시간이 오래 걸릴지라도 말이다.

아이의 미래를 위한 투자
매일 읽는 습관을 위한 신문 구독

입시 전문가들은 수학도 중요하고 영어도 잘해야 한다고 강조한다. 그러나 꾸준히 배우고 발전하는 사람이 되기 위해선 무엇보다 읽기가 숨 쉬듯 자연스러워야 한다.

모든 학습은 읽기에서 시작한다. 영상 미디어에 익숙한 아이들은 읽기를 귀찮고 짜증 나는 숙제쯤으로 치부한다. 그러나 문자 중심으로 체질을 개선하지 않고선 평생 학습자로서 지속적인 성장을 기대할 수 없다.

책과 신문은 역사적으로 인류 발전에 큰 공헌을 한 활자매체다. 소크라테스는 "책을 읽으면 남이 고생해서 얻은 지식을 쉽게 내 것으로 만들 수 있고, 그것을 바탕으로 자기 발전을 이룰 수 있다."고 말했다. 누군가는 평생을 바쳐 알게 된 지식을 우리는 단 몇 시간 만에 독서를 통해 습득할 수 있는 것이다.

신문도 마찬가지다. 정기 구독을 신청하면 매일 아침 전 세계 최신 소식을 집안에서 편히 받아 볼 수 있다. 책이 한 분야의 지식을 깊이 있게 다룬다면 신문은 다양한 분야의 정보를 신속 정확하게 전달해 준다. 책과 신문을 함께 읽으면 엄청난 시너지 효과를 볼 수 있는 것이다.

신문은 평소 관심 없던 분야까지 훑어보도록 독자를 유도한다.

사회, 경제, 국제, 문화, 교육, 인물 등 꾸준히 신문을 훑어보기만 해도 시야가 확장된다. 신문을 구독하면 단 5분이라도 매일 읽는 습관을 들일 수 있다.

책은 완독하는 데 꽤 오랜 시간이 걸린다. 책 한 권을 손에 들기까지 넘어야 할 고비도 많다. 큰마음 먹고 도서관이나 서점에 가야 하고, 무엇을 읽을지 선택해야 한다. 읽기 초보자인 아이들에겐 혼자 하기 힘든 일이다. 이런 면에서 신문은 좀 더 자유롭다. 일단 구독하고 나면 문 앞에 놓인 신문을 펼쳐 들고 읽기만 하면 된다.

읽는 방법이랄 것도 딱히 없다. 거실 바닥이든, 책상이든 편한 곳에 신문을 펼치고 앉아 눈으로 쭉쭉 훑어 나가면 된다. 그러다 소위 '꽂히는 기사'를 발견하면 그때 집중해서 읽기 시작한다. 바쁜 날엔 헤드라인만 봐도 상관없다. 그렇게 하루 이틀 신문을 넘기다 보면 세상에 존재하는지도 몰랐던 나라, 종교, 문화, 기술을 배우게 된다(세상에 아돌프 히틀러의 이름을 딴 딱정벌레가 있을 거라고 누가 상상이나 했을까). 매일 꾸준히 신문을 훑어보기만 해도 어휘와 상식이 시나브로 쌓인다.

아이들도 마찬가지다. 신문을 읽으면 학교에서 선생님, 친구들과 나눌 이야기가 풍부해진다. '지구 열탕화', '스킴플레이션' 등 전문가가 쓸 법한 단어도 배우게 된다. 신문기사를 인용해 발표하면 똑똑하다는 칭찬이 돌아온다. 일기나 독후감을 쓸 때도 할 말이 많아진다. 아이의 내면에 유능감이 쌓이고 점점 읽기가 재미있어진다. 한 번 재미를 느낀 아이는 갈수록 더 잘하게 된다.

신문은 가성비 좋은 정보원이다. 한 달 2만 원만 내면 국내외 전문가들의 조언은 물론 미래 예측에 도움이 되는 정보와 지식을 내 것으로 만들 수 있다. 돈을 더 주고라도 배우고 싶은 성공 노하우와 교육 정보도 아낌없이 풀어 놓는다. 앎의 영역이 확장되면 삶의 질이 달라진다. 무엇보다 신문 읽는 부모의 모습은 아이 눈에 매우 학구적으로 비친다.

신문을 구독하면 아이들이 활자를 읽을 확률도 높아진다. 집안에 양질의 읽을거리가 쌓이기 때문이다. 아이들은 라면 받침으로 쓰다가도 읽고, 신문지 위에서 물감 놀이를 하다가도 읽는다.

신문으로 읽기 연습을 한 아이는 고급 어휘를 구사하는 아이로 성장한다. 부모와 아이가 신문에서 읽은 내용으로 수다를 떨고, 모르는 단어를 찾다 보면 온 가족 문해력이 쑥쑥 자란다.

매달 책 한 권 값을 지불하면 매일 우리 집에 신문과 온 가족 모두에게 유익한 성장의 시간이 함께 온다. 독서와 거리가 먼 아빠들도 경제면이나 스포츠면은 즐겨 본다. 책을 싫어하는 아이도 자이언트 판다의 출산 소식엔 눈을 반짝인다.

신문 구독료는 사교육비에 비하면 매우 저렴하다. 한 부에 담긴 엄청난 정보량과 다양한 생각들을 따져 보면 말 그대로 '남는 장사'다. 무엇을 읽든, 읽는 시간은 결코 무용하지 않다. 그게 신문이라면 더 말할 것도 없다. 구독은 유튜브에만 있는 게 아니다.

06 | 신문이 가져온 변화, 우리만의 '미라클 모닝'

나는 꼼꼼하지 못한 성격이라 생활하는 데 지장이 없다면 집이 조금(?)은 혼란스러워도 아무렇지 않은 편이다. 그래서 신문도 깔끔하게 차곡차곡 정돈하기보단 오늘 신문, 어제 신문 할 것 없이 사방에 펼쳐 놓고 읽는다. 주옥같은 기사는 하나도 빠트리지 않고 죄다 오려 수북이 쌓아 둔다. 남편은 언제나 뜨악하지만, 나의 이런 습관이 아이들에겐 신문과 친해지는 계기가 됐다. 정신없이 놀다가도, 화장실에 가다가도 아이들은 엄마가 펼쳐 놓은 신문과 마주칠 수밖에 없었다.

처음 두 아이는 엄마가 보는 신문을 밟지 않으려 요리조리 피해 다녔다. 그러다 우연히 신기한 사진을 발견하면 쪼그리고 앉아 유심히 신문을 들여다보곤 했다. 글자를 깨치고 부턴 스스로 사진 설명을 읽었다. 어쩌다 관심 가는 기사를 발견하면 자리를 잡고 앉아 한참을 읽었다. 어떤 날엔 신기한 소식이, 어떤 날엔 가슴 뭉클한 사연이 아이들의 눈을 사로잡았다. 마음에 드는 사진이나 기사가 있으면 직접 가위로 오려 내 서랍 속에 간직하거나 눈에 띄는 곳에 붙였다. 아이들은 매일 조금씩 신문과 친해졌고, 신문 읽는 게 일상이 되었다.

코흘리개였던 아이들은 이제 뭐든 거리낌 없이 읽고, 스스럼없이 표현하는 언니, 오빠가 됐다. 지하철 스크린 도어에 붙어 있는 시, 과자 봉지 뒤에 나온 함량 표시를 읽고 자연스레 자기 생각을 꺼낸다. 매일 신문을 읽고 시시덕거렸던 시간이 아이들에겐 말과 글에 능숙해지는 연습이 되었다. 신문이 없었다면 결코 얻지 못했을 수확이다.

일상을 바꾸는 신문의 기적
아침이 달라졌다

새벽마다 자기 발전의 시간을 갖다 보면 인생이 바뀌는 기적이 일어난다는 '미라클 모닝'이 대세다. 과거 유행했던 '아침형 인간'의 성공 공식과 일맥상통한다. 타고나길 올빼미로 타고난 내겐 미라클 모닝도, 아침형 인간도 너무나 먼 이야기다. 올빼미 어미에게서 올빼미 새끼가 태어나듯, 우리 아이들도 나를 닮아 아침잠이 많다. 그러나 우리 집엔 우리만의 '미라클 모닝'이 있다. 이름하여 '조간 신문이 일으킨 기적'이다.

우리 집은 일반 신문과 어린이신문을 모두 구독한다. 아침마다 신문을 식탁 위에 올려 두면 아이들이 잽싸게 어린이신문을 꺼내 읽는다. 아침엔 눈으로 대충 훑어보고, 하교 후 읽고 싶은 기사를 골라 정독한다.

매주 토요일 아침엔 첫째와 둘째 사이에 신문 쟁탈전이 벌어진다. 좋아하는 학습만화가 연재되기 때문이다. 누가 먼저 읽느냐를 두고 두 아이는 매번 신경전을 벌인다. 이때만큼은 옥신각신해도 그냥 내버려 둔다(이런 다툼이라면 얼마든 용인해 줄 수 있다.).

신문을 가방에 넣어 학교에 갈 때도 많다. 선생님이 내 주신 과제를 마치고 친구들을 기다릴 때나 자유시간이 있을 때 신문을 읽으면 시간이 잘 간단다. 가방이 무거워 책 한 권 넣어가기도 부담스러운 날, 신문은 더더욱 진가를 발휘한다. 신문 덕분에 하루를 '읽기'로 시작하는 날이 많아졌다. 새벽 기상은 못 해도 우리에겐 활자로 시작하는 아침이 있다. 나에겐 이 작은 기적이 무척이나 소중하다.

날짜 지난 신문도 다시 보자
창의력·통찰력이 자라는 신문 스크랩

신문을 꼬박꼬박 읽지만 밀릴 때도 적지 않다. 그럴 땐 읽지 않은 신문을 거실 구석에 쌓아 두었다가 여유가 생기면 한 번에 몰입해서 읽는다. 아이들도 마찬가지다. 손에 잡히는 대로 틈날 때마다 꺼내 읽는다.

나는 신문을 꽤 오랫동안 보관했다 한꺼번에 버린다. 한 번 이슈가 된 사안은 한동안 지속적으로 보도되기 때문이다. 중요 부분을 스크랩해 모아 두면 전체 맥락을 이해하는 데 큰 도움이 된다. '빙산의 일각'이 아닌, 빙산 자체를 볼 수 있게 되는 것이다. 사회를 떠들썩하게 만든 대형 사고나 우리 일상에 직접적으로 영향을 미치는 정책들도 마찬가지다. 매일 신문엔 단편 '정보'가 실리지만 주제별로 축적하면 의미 있는 '지식'이 된다.

스크랩한 기사는 커다란 택배 상자에 모아 두고 상자가 가득 차면 버린다. 그때도 통째로 막 버리진 않는다. 중요한 정보나 법률, 경제 상식 등이 잘 정리된 기사는 함께 보는 스크랩북이나 아이들 필사 노트에 붙여 학습 자료로 활용한다. 처음엔 흥미를 보이지 않던 기사도 다시 꺼내 놓으면 언제 그랬냐는 듯 재미있게 읽기도 한다.

이렇게 지난 기사를 다시 읽으며 버릴 것만 추리다 보면 저절로

'복습'이 된다. 굵직한 사건들은 사건의 경과가 파노라마처럼 펼쳐져 인과관계를 제대로 파악할 수 있게 된다. 스크랩한 기사를 주기적으로 다시 읽으면 전체를 조망하는 능력, 문제의 본질을 꿰뚫는 통찰력, 앞날을 예측하는 추론 능력 등이 자연스레 길러진다. 특정 분야에 대한 정보가 쌓여 남다른 안목과 전문성을 갖추게 되는 것이다.

날짜 지난 신문은 여러모로 유용하다. 마음대로 찢고 놀아도 되고, 청소할 때 써도 된다. 특히 가루가 많이 떨어지는 빵이나 과자를 먹을 때 신문을 돗자리처럼 활용하면 좋다. 맛있게 간식을 먹다 보면 십중팔구 눈에 띄는 기사 하나쯤은 발견하기 마련이다. 기사에 대해 가볍게 한두 마디 나누다 보면 금세 이야기꽃이 핀다. 아이들의 생각 주머니를 콕콕 자극할 수 있는 절호의 기회다.

이렇게 아무 페이지나 잡히는 대로 펼쳐 놓으면 절대 읽지 않을 정치, 법률, 종교 면들까지 들여다보게 된다. 엄마가 읽으라고 한 것도 아닌데 아이는 고개를 갸웃거리며 궁금한 점을 묻기도 하고, 엉뚱한 상상을 하기도 한다. 현대판 위인들의 활약을 목격하며 '나도 이런 사람이 되고 싶다'는 두근거림도 느낀다. 관심과 호기심이 조금씩 쌓이면 특정 분야에 대한 탐구로 이어지기도 한다.

우리 가족에게 신문은 귀한 선생님이자 좋은 친구다. 늘 새롭고 신기한 이야기를 전해 주는 신문이 있어 아이들도 나도 매일 읽는 사람이 되었다. 어려운 일도 좋은 짝꿍이 있으면 더 쉽게 느껴지는

법. 우리 아이들에게 재미있고 도움이 되는 친구로 신문을 소개해
주면 어떨까?

신문 활용 교육

STEP 1

NIE 시작하기

01 | 신문이 어렵다는 편견을 버리자

　디지털 미디어 시대에 태어난 알파 세대에게 종이 신문은 주먹도끼 같은 존재일지 모른다. '역사적으로 의미 있다고 전해지나 나에겐 쓸모없는 존재'. 나와 독서 수업을 함께 했던 1학년 학생은 "깨알처럼 박힌 글씨만 봐도 멀미가 나요."라고 말했다. 다행히 중학교 1학년 학생은 신문을 자주 봤다고 했다. 반가운 마음에 어디서 봤는지 물었다. "다이소 매장에서요. 엄마가 그릇 사니까 신문지에 돌돌 말아주던데요." 아이들에게 책은 냄비 받침, 신문은 포장지에 불과하다.

　신문은 대표적인 활자매체다. 전달하는 정보량도 많고 낯선 한자들이 난무한다. 'IAEA(국제원자력기구)', 'WTO(세계무역기구)' 같은 해독 불가한 알파벳도 막 튀어나온다. 한글이라고 다르지 않다. '부결(의논한 안건을 받아들이지 않기로 결정함)', '고로(용광로)', '포석(앞날을 위해 미리 준비함)' 등 바로 이해되지 않는 낱말들이 수두룩하다.

신문을 힐끔 본 아이들은 고개를 절레절레 흔들며 읽기를 거부한다. 요즘엔 어른들도 신문을 잘 읽지 않는다. 필요한 정보나 흥미로운 기사를 스마트폰으로 검색해 읽는 게 전부다. 신문을 구독하는 가정도, 자녀와 함께 신문을 읽는 부모도 많지 않은 게 현실이다. 넷플릭스, 유튜브 등 재미있는 볼거리가 쉴새 없이 쏟아지는 세상, 영상 미디어가 독주하는 시대다. 어른, 아이 할 것 없이 활자 매체에서 멀어지고 있다.

종이 신문 읽으며
읽기 긍정감 회복하기

아이가 책을 읽지 않아 걱정하는 부모님들께 나는 신문 읽기를 추천한다. 그러면 책도 억지로 읽는(혹은 학습만화도 읽지 않는)데 어려운 신문을 어떻게 읽겠냐며 대부분 난색을 표한다. 일단 신문에 대한 선입견부터 바꿀 필요가 있다.

신문은 생각만큼 어렵지 않다. 일반 신문은 성인 독자를 대상으로 하지만 '중학생이 이해할 수 있는 수준'으로 작성된다. 기자들이 기사를 쓸 때 반드시 지키는 원칙 중 하나가 바로 '쉽게 쓰기'다.

주요 독자층이 유·초등생인 어린이신문은 말할 것도 없다. 눈길을 확 끄는 총천연색 사진, 큼지막한 표제(헤드라인), 짤막한 기사 덕분에 만만해 보이기까지 한다. 익숙지 않아 낯설게 느껴질 뿐이지 신문은 결코 어렵지 않다.

읽기를 어려워하는 아이일수록 읽기와 관련된 '긍정적 경험'이 필요하다. 쉽고, 재미있어 보이는 읽기 자료를 통해 '나도 읽을 수 있다'는 자신감을 쌓고, 나아가 '점점 아는 게 많아진다'는 유능감을 느껴야 한다. 남들이 좋다는 벽돌 책(두꺼운 책) 말고, 아이가 관심을 가질만한 흥미로운 읽을거리를 제공해야 읽기 실력이 쌓인다.

어떤 책부터 시작해야 할지 막막하다면 일단 아이와 어린이신문부터 펼쳐 보길 권한다. 1면부터 천천히 훑어보면 호기심이 당기는 기사, 시선을 사로잡는 사진을 반드시 찾게 될 것이다. 흥미로워 보이는 기사 하나만 읽어도 신문이 어렵기는커녕 재미있고 쓸모 있다는 사실을 알게 된다.

아이가 신문 읽기를 꺼린다면 각 면의 표제만 읽고 덮어도 괜찮다. 사진에만 관심을 보여도 칭찬해 주자. 그렇게 매일 신문을 훑어보면 아이는 어느새 토막기사를 읽고, 호기심이 동하는 날엔 전면을 가득 채운 기획 기사까지 읽어 나가게 될 것이다.

짧고 현란한 영상에 익숙해지며 긴 글 읽기를 어려워하는 학생들이 적지 않다. 이런 아이들에게 몇십, 몇백 쪽에 달하는 책을 주면 책장을 열어 보기도 전에 포기하기 쉽다. 대신 단문으로 구성된

짧은 기사를 매일 꾸준히 읽게 하면 쉽게 몰입하고 읽기에 대한 자신감을 회복한다. 영상매체가 발달한 시대, 역설적으로 학생들에게는 종이 신문이 꼭 필요하다.

어려워서 못 읽겠다면
맞춤형 기사와 시각 자료 제공하기

코로나19로 한창 온라인 수업을 받을 당시, 초등 5학년인 남학생들과 메타버스(가상 또는 초월을 뜻하는 '메타'와 우주를 뜻하는 '유니버스'의 합성어)에 관한 기사를 읽었다. 일상의 모든 활동이 대면에서 온라인으로 옮겨가 기업 회의는 물론 학교 행사, 유명 가수의 콘서트도 메타버스에서 열린다는 내용이었다.

기사를 본 아이들의 눈이 반짝였다. 내용도 흥미롭지만 인기 아이돌의 아바타들이 화려한 무대 위에서 공연하는 모습과 초등학생들이 즐겨 하는 마인크래프트(온라인 게임) 사진이 큼지막하게 실려 있었기 때문이다.

아이들에게 메타버스는 낯설고 생소한 개념이 아니다. 이미 로블럭스 같은 게임을 통해 가상 공간에 익숙해졌기 때문이다. 아이들은 전 세계 이용자들이 드나드는 메타버스에서 자기가 원하는 아바타로 변신해 가상 공간을 훨훨 날아다닌다.

메타버스가 어려운 건 오히려 나이 든 어른들이다. 이날 아이들은 친구들과 함께 신나게 수다를 떨며 가상 공간에서 어떤 활동을 하고 싶은지, 어떤 게임을 만들고 싶은지 상상한 내용을 바탕으로 글을 썼다.

며칠 후, 아이의 글을 본 어머니께서 연락을 주셨다. 자기도 모르는 메타버스를 아이가 알고 있어 깜짝 놀랐다고 했다. 그리고 오래지 않아 아이의 부모님은 종이 신문을 구독하고 아이와 함께 신문을 읽기 시작했다.

아이가 신문을 못 읽을 거란 걱정은 기우에 불과하다. 짧은 글조차 읽지 않던 아이도 원하는 기사를 골라 읽게 하면 부담 없이 신문을 읽는다. 관심 있는 주제를 스스로 선택해 읽기 때문이다. 크고 굵은 표제, 시원시원한 시각 자료가 내용 이해를 도와줘 저학년도 어린이신문이라면 충분히 즐기며 읽을 수 있다.

요즘 신문은 영상 시대에 발맞춰 시각적 장치들을 적극 활용하고 있다. 현장의 생생함이 살아 있는 사진, 기사 내용을 뒷받침하는 삽화나 도표는 읽는 재미를 더한다. 신문이 어렵다는 건 옛말이다.

아이돌이 꿈인 아이라면 국내 가수들의 세계 진출 소식이 담긴 기사를 스크랩해 주자. 동물을 좋아하는 아이에겐 지구 최강 생명력을 자랑하는 곤충 이야기나 영원히 죽지 않는 해파리 사진을 건네주자. 그러면 부모가 잔소리하지 않아도 아이들은 눈을 반짝이며 기사에 몰입할 것이다.

홍미 위주의 기사라고 해서 교육적 효과가 없는 건 아니다. 오락 프로그램에 대한 기사를 읽으면서도 특정 분야의 전문 용어를 익힐 수 있고, 대중문화 전문가들의 견해를 읽으며 논란이 되는 사안에 대해 함께 고민해 볼 수 있다.

신문 읽기는 걸음마 연습과 같다. 처음엔 온통 이해 불가한 내용으로 가득 차 있는 것처럼 보인다. 하지만 포기하지 않고 계속 읽다 보면 점점 더 많은 내용이 눈에 들어오기 시작한다.

읽으면 읽을수록 정보가 쌓이고 깨닫는 범위가 확장된다. 세상을 알아 가는 재미가 커지고 어려운 일도 해낼 수 있다는 자신감이 쌓인다. 함께 신문을 읽으며 응원해 주는 부모가 있다면 아이들은 더 신나게 신문 읽기를 즐기게 될 것이다.

02 | 알고 보면 쓸모 많은 신문의 세계

최근 학생들이 자주 쓰는 신조어 중에 '엄근지'란 말이 있다. '엄격', '근엄', '진지'의 앞 글자만 따서 만든 신조어다. 과거 신문은 '엄근지'의 대명사였다. 지금보다 한자가 훨씬 많았고, 대부분 흑백이었다. 한마디로 어렵고 딱딱했다.

요즘 신문은 180도 달라졌다. 다채로운 시각 자료들이 더해져 보는 즐거움이 배가됐다. 아예 영상까지 함께 시청할 수 있도록 QR코드를 제공하는 기사도 있다. 의학, 법, 부동산 등 독자들이 올린 질문에 전문가가 조언해 주는 상호 소통을 위한 지면도 늘었다.

문해력 위기 극복할 '읽는 매체'
대체 불가한 신문의 장점

신문은 다른 매체에 비해 신속성과 편리함이 떨어지지만 대체 불가한 장점을 가지고 있다. '보는 매체'가 아닌 '읽는 매체'란 점이다. 기사는 정제되고 세련된 표현, 적확한 문장으로 구성돼 있어 꾸준히 읽으면 말하기, 글쓰기 실력까지 탁월해진다.

독자가 종합적으로 사고하고 판단하도록 돕는다는 점도 신문의 강점이다. 사회현상의 이면을 조명하는 기획 기사, 사건이 일어나게 된 배경부터 의미까지 전방위적으로 보도하는 분석 기사는 독자들에게 생각할 거리를 제공하고 사회문제를 깊이 들여다보도록 유도한다. 밀도 높은 글엔 풍부한 배경지식과 다양한 어휘가 포함돼 있다. 이런 글을 자주 읽으면 독해력의 기본기가 다져진다. 신문을 꾸준히 읽는 것만으로도 교육적 효과를 톡톡히 볼 수 있는 셈이다.

신문사는 철저한 검증을 거쳐 '사실'로 확인된 뉴스만 지면에 게재한다. 정보에 오류가 있을 경우 정정보도를 통해 잘못된 부분을 바로잡는다. 따라서 신문을 읽으면 인터넷을 이용할 때처럼 출처가 불분명한 정보, 검증되지 않은 정보를 일일이 가려내느라 시간을 허비할 필요가 없다.

신문 기사는 뉴스 가치가 높은 순으로 지면에 배치된다. 지면을 훑어보기만 해도 어떤 이슈가 사회에서 중요하게 논의되고 있는지, 세상이 어떻게 돌아가는지 쉽게 파악할 수 있다. 교통 요금 인상처럼 실생활에 직접적인 영향을 주는 정보는 1면 표제만 봐도 단박에 알 수 있다.

신문은 처음부터 끝까지 다 읽을 필요가 없다. 필요한 기사, 원하는 기사만 골라 읽어도 무방하다. 정해진 시간에 맞춰 정해진 대로 시청해야 하는 방송 뉴스와 달리 선택적으로 자유롭게 뉴스를 소비할 수 있다.

신문은 정보성, 시의성, 오락성 같은 뉴스 가치와 독자의 욕구를 잘 버무려 '읽고 싶은 기사'를 만들어 낸다. 그룹 방탄소년단BTS이 1면에 실린 날엔 두말할 필요가 없다. 눈에 띄는 곳에 펼쳐만 놓아도 아이들이 알아서 몰입해 읽는다.

지루하고 어려운 신문은 가라!
재미있고 유쾌한 어린이신문

어린이신문엔 독자들이 홀딱 빠질만한 비장의 카드가 숨겨져 있다. 부모님, 선생님 눈치 보며 몰래 읽는 학습만화가 큰 비중을 차지하며 위풍당당하게 실려 있다. 거실에서 만화를 펼쳐 놓고 읽을 수 있다는 것만으로도 아이들에겐 큰 혜택이 아닐 수 없다. 헷갈리는 맞춤법, 생소한 경제 용어, 머리 아픈 수학 지식도 이해하기 쉬운 형식으로 가공돼 있다. 꼭꼭 씹어 먹으면 머릿속 지식 창고가 꽉꽉 채워진다.

만화만큼 재미있는 정보도 넘쳐난다. 세계 각지에서 날아든 기상천외한 이야기(우사인 볼트보다 빠른 엘리베이터), 엉뚱한 호기심을 속 시원히 해결해 주는 해설 기사(하늘을 나는 자동차, 어떻게 만들었을까?) 등 어디서도 찾아보기 힘든 깨알 지식이 즐비하게 나열돼 있다. 친구들과 대화할 때나 글을 쓸 때 이런 내용을 양념처럼 활용하면 '박학다식한 친구', '글 좀 잘 쓰는 친구'로 통하게 된다.

어린이들이 몰입해 읽는 기사 헤드라인 예시

① 달콤한 초콜릿에 숨겨진 무시무시한 비밀(카페인에 대한 건강 관련 기사)

② 세계의 이목이 쏠린 억만장자들의 싸움(SNS 서비스를 놓고 갈등을 빚은 일론 머스크와 마크 저커버그 관련 경제 기사)

③ 지옥을 향해 달리는 666번 버스(세계 각국의 금기시되는 숫자들에 얽힌 문화 기사)

어린이신문엔 읽다 보면 나도 모르게 똑똑해지는 기사, 궁금해서 읽기 시작했는데 상식이 쑥쑥 쌓이는 기사, 적지 않은 분량인데도 몰입해서 읽게 되는 기사들이 적지 않다. 읽고 나면 성취감까지 느낄 수 있어 효과 만점이다.

글 읽기 힘들어하는 아이에게
신문은 친절한 읽기 도우미

읽기를 힘들어하는 아이에게 신문 기사는 친절한 연습 상대가 되어 준다. 다양한 예시, 구체적인 수치, 생생한 사진 자료 등이 내용을 이해할 수 있도록 도와주기 때문이다.

글을 읽고도 문맥을 파악하지 못하는 아이에겐 표제가 훌륭한 나침반이 되어 준다. 기사 '제목'에 해당하는 표제는 교과서의 단원명처럼 핵심 내용을 콕 짚어 알려 준다. 표제에 쓰인 핵심어들을 징검다리 삼아 따라가면 어렵지 않게 전체 맥락을 파악할 수 있다.

어린이신문은 더 구체적이고 자세한 설명을 곁들인다. 한자어나 경제 용어처럼 아이들이 낯설게 느낄만한 낱말은 괄호 속에 뜻을 넣어 살뜰하게 풀어 준다. 기사에 언급된 주요 시사용어나 교과 개념은 별도의 공간을 만들어 따로 정리해 준다. 낱말 뜻풀이나 용어 설명을 스크랩해 두면 두고두고 활용할 수 있는 나만의 사전이 완성된다.

이제 막 한글을 읽기 시작한 아이나 긴 글 읽기를 부담스러워하는 아이라면 흥미로운 스트레이트 기사를 딱 하나만 오려 주자. 육하원칙에 따라 핵심만 짧고 굵게 요약된 스트레이트 기사는 손바닥 크기 정도의 분량이라 읽기 부담을 확 줄여 줄 수 있다.

어린이신문을 만드는 기자들은 어린 독자들에게 다양하고 긍정적인 자극을 주고자 고군분투한다. 상상력과 호기심을 키워 줄 신기한 과학 기술이나 발명품, 학습에 동기부여가 되는 인물, 인성 발달에 도움이 되는 미담 등 다채롭고 영양가 높은 뉴스를 제공하기 위해 눈에 불을 켜고 다닌다.

부정적인 사건, 사고를 다룰 땐 폭력적이거나 선정적인 표현을 배제하고 사실 위주로 담백하게 기사를 작성한다. 아동학대, 성폭력 등 사회의 어두운 단면을 보도할 때도 잘못된 편견을 심어 주거나 정신적 충격을 줄 수 있는 내용은 면밀히 걸러 낸다. 사실을 보도하는 것만큼 어린이들이 건강한 관점을 가진 어른으로 성장하도록 돕는 게 신문의 중요한 역할이기 때문이다.

안타깝고 험악한 소식이 끊이지 않는 세상이다. 그렇다고 아이의 눈과 귀를 막은 채 세상을 살게 할 순 없다. 정보의 옥석을 가리는 안목을 키우고 옳고 그름의 가치를 판단할 수 있으려면 올바른 기준과 지침이 필요하다. 신문을 도구 삼아 온 가족이 함께 세상을 바로 보는 연습을 해 보자. 아이는 건전한 의식과 바른 안목을 가진 어른으로 성장해 나갈 것이다.

03 | 교과서가 쉬워지는 신문 읽기의 힘

'홈스쿨링'을 주제로 취재를 한 적이 있었다. 그때 만난 K는 말 그대로 독서광이었다. 책 읽기를 너무 좋아해서 중학교 2학년 때 자퇴를 하고 집에서 맘껏 책을 읽었다. 입시 준비로 바쁜 고등학교 땐 책 읽을 시간이 충분치 않을 거란 판단에서였다. 검정고시를 본 후 다시 학교로 돌아간 K는 부지런히 입시 준비를 한 끝에 우리나라 최고 대학에 합격했다. 농담처럼 언제부터 그렇게 똑똑했냐고 물었다.

"초등학교 5학년 때부터 교과서가 쉽게 느껴졌어요."

K의 공부 비결은 어렸을 때부터 아버지와 했던 독서 토론이었다. 번역가였던 아버지는 자기가 읽고 좋았던 책을 K에게 추천해 주었다. 재미가 없어도, 이해가 안 가도 K는 끝까지 책을 읽었고,

아버지와 함께 독서 토론을 하며 부족한 부분들을 채워 나갔다. 중 고등학생 땐 독서 토론 동아리, 독서 퀴즈 대회에 참여하며 꾸준히 책을 읽었다. K는 책과 신문을 통해 더 넓은 세상을 경험하고, 토론을 통해 나와 다른 다양한 생각이 존재한다는 걸 깨달았다고 말했다.

또래보다 많은 시간을 읽기에 투자했던 K는 월등한 어휘력과 폭넓은 배경지식을 쌓을 수 있었고, 덕분에 학교 수업을 듣는 것만으로도 시험에서 좋은 성적을 거둘 수 있었다고 했다. 별다른 준비 없이 치른 영재교육원 시험도 한 번에 합격했다. K는 좋은 성적을 얻는 데 탄탄한 문해력이 결정적 역할을 했다고 강조했다.

하루 10분 신문 읽기로
온 가족 어휘력 키우기!

문해력은 '읽고 이해하는 능력'이다. 공부하는 학생들에게 문해력은 매우 중요한 기술이자 도구인 셈이다. 교육 현장에서 이뤄지는 대부분의 활동 역시 '주어진 글을 읽고 과제를 수행할 수 있는가'에 초점을 맞추고 있다. 즐겁고 행복한 학교생활을 위해서라도 건강검진하듯 아이의 문해력을 점검해야 한다.

최근엔 어른의 문해력도 도마 위에 올랐다. 공문서, 보험약관은 물론 투약 안내서도 이해하지 못해 쩔쩔매는 어른이 적지 않다는 보도가 잇따른다. 학교 현장에선 가정통신문에 적힌 '중식 제공'을 '중국 요리 제공'으로 잘못 이해한 학부모가 항의 전화를 하는 등 웃지 못할 일들이 많이 벌어진다고 한다. 아이의 문해력은 성적을 좌우하지만 어른의 문해력은 삶의 질과 직결된다. 글을 제대로 이해하지 못하면 불이익을 당하거나 낭패를 보기 십상이다.

아이든, 어른이든 문해력을 키우려면 글을 구성하는 어휘부터 다져야 한다. 단어가 모여 문장이 되고, 문장이 모여 한 편의 글이 완성되기 때문이다.

글을 읽을 때 모르는 단어가 많으면 처음부터 끝까지 다 읽고도 맥락을 파악하지 못하거나 내용을 잘못 이해하는 불상사가 생긴다. 영자신문을 읽고자 야심 차게 펼쳤으나 읽기는커녕 모르는 단어에 열심히 동그라미만 치고 끝났던 경험, 누구에게나 한 번쯤은 있을 것이다. 어휘력이 부실하면 한글로 쓰인 글을 읽을 때도 비슷한 결과가 초래된다.

문해력을 향상시키고 싶다면 나이나 학년에 상관없이 수준에 딱 맞는 글부터 찾아 읽어야 한다. 만약 읽기를 통해 자녀의 학업 역량을 길러 주고 싶다면, 아이가 푹 빠질만한 흥미로운 읽을거리를 제공해야 한다. 실력은 재미있게 즐기는 가운데 시나브로 쌓인다. 아이가 어떤 분야나 주제에 흥미를 보일지 잘 모르겠다면 함께 신문을 펼쳐 보길 권한다. 1면부터 찬찬히 넘기며 어떤 내용을 읽을 때 아이의 눈이 반짝이는지 관찰하자. 어떤 아이는 인간 심리를 다룬 칼럼에, 어떤 아이는 주식 투자로 돈을 번 또래 소식에 눈을 고정할 것이다. 아이가 관심을 보이는 분야를 찾았다면 꾸준히 관련 분야의 기사를 제공해 주면 된다. 책, 전문잡지 등으로 확대하면 읽을거리가 무궁무진하게 쏟아진다.

신문은 자녀의 문해력을 측정할 수 있는 좋은 자료이기도 하다. 아이가 선택한 기사를 함께 읽으면 자연스레 현재 어휘력과 독해 실력을 확인할 수 있다. 짧은 기사 하나만 읽어 봐도 충분하다.

여러 가지 질문을 던져 아이의 생각 주머니를 콕콕 자극해 줄 수도 있다. 매일 10분, 일주일에 한 번이라도 아이와 함께 흥미로운 기사를 읽고 대화를 나눠보자. 아이가 어려워하는 낱말이 나오면 친절하게 뜻을 설명해 주자. 앞뒤 문장을 읽고 스스로 뜻을 유추해 보도록 유도하는 것도 도움이 된다.

기사를 다 읽고 난 후엔 부모가 먼저 자기 생각과 느낌을 표현하는 게 좋다. 자녀가 보고 배우도록 신문에서 배운 용어, 개념을 적극 활용해 표현한다. 꾸준히 함께 신문을 읽고 대화를 나누면 처음엔 머뭇거리던 아이도 부모의 답변을 모방해 자기 의견을 말하게 된다.

기사를 읽으면 일상생활에서 자주 쓰지 않는 낯선 어휘들을 접하게 된다. 모르는 단어를 발견할 때마다 뜻을 찾아 익히면 아는 단어들이 늘어나기 시작한다. 사용하는 어휘량이 늘어나면 표현

수준도 높아진다. 각자의 요구 사항과 잔소리로 점철됐던 가족 간의 대화는 기후 변화, 식량 위기, 세계 평화로 쭉쭉 뻗어 나간다. 자유자재로 구사할 수 있는 낱말이 늘면 읽기 능력도 자연스레 좋아진다. 어휘력은 문해력을 키우는 바탕이 되기 때문이다.

배경지식이 쌓이는 신문 읽기
교과서가 쉬워진다!

교육 전문가들은 공부 잘하는 학생들의 공통점으로 '독서'를 꼽는다. 이들은 순수하게 읽기를 즐기기도 하지만 궁금한 점이 생기면 답을 찾을 때까지 정보를 파헤치듯 읽는다. 교과서, 참고서, 일반도서는 물론 신문, 잡지, 논문 같은 학술자료까지 가리지 않는다. 여러 정보를 두루 살피며 꼭 필요한 내용만 선별하다 보면 머릿속엔 양질의 지식이 깊이 있게 쌓인다.

　배경지식은 정보와 정보를 연결하는 신경망 역할을 한다. 여러 분야의 지식을 폭넓게 쌓으면, 새로운 정보를 접해도 기존 지식과 연결하여 그 의미를 더 빠르게 파악해 낼 수 있다. 위인 전기를 열심히 읽은 학생이 통사를 더 쉽게 배우는 것과 같은 이치다. 이런 이유로 독서 습관이 잘 잡힌 학생들은 이해력이 좋고 배우는 속도가 빠르다.

배경지식이 풍부하면 교과 학습도 쉬워진다. 영화 '스타워즈'에 나오는 광선검의 과학적 원리를 신문에서 재미있게 읽은 학생은 빛에 대한 개념(초등 과학 4학년 2학기)을 더 쉽게 습득할 수 있다.

'경제 개발 vs 환경 보호(초등 사회 6학년 1학기)'를 주제로 찬반 토론을 할 때도 마찬가지다. 논란이 뜨거웠던 설악산 케이블카 기사를 읽고 자기 생각을 미리 정리했던 학생은 수업 시간에도 탄탄한 논거를 들어 자기주장을 내세울 수 있다. 하나를 가르쳐 줘도 열을 아는 내공은 배경지식으로부터 나온다.

신문은 정치, 경제, 과학, 기술, 국제, 예술, 스포츠 등 사회 전 분야의 지식과 최신 정보를 주제별로 잘 정리해 준다. 교과 학습에 도움이 되는 기본 개념과 전문 용어도 빈번히 등장한다. 생활 전반에서 활용할 수 있는 유용한 정보 역시 알차게 담겨 있다. 신문을 꾸준히 읽으면 여러 분야의 책을 고루 읽는 효과를 볼 수 있다.

매일 10분씩, 관심 가는 기사들만 발췌해 읽어도 아이의 어휘력은 살아나고 배경지식은 날로 탄탄해진다. 기사를 읽고 아이가 특정 주제에 관심을 보이면 관련 책까지 읽도록 이끌어 주자. 사고와 지식의 깊이가 남다른 아이로 발전해 나갈 것이다. 아이들은 익숙한 것보다 새롭고 낯선 것에 더 큰 호기심을 느낀다. 일단 걱정과 불안을 내려놓고 아이와 함께 신문 읽기에 도전해 보길 권한다. 오래지 않아 책을 읽히는 것보다 신문을 읽히는 게 훨씬 수월하다는 사실을 깨닫게 될 것이다.

04 | 질문하는 아이가 세상을 바꾼다

현대 사회는 빠르게 변한다. 온갖 정보가 폭포처럼 쏟아진다. 국내외에선 별의별 사건, 사고가 다 일어난다. 누군가 기적 같은 탄생의 기쁨을 맛볼 때, 누군가는 안타깝고 비통하게 죽음을 맞는다. 과학 기술은 늘 인간의 한계를 뛰어넘고, 예술은 계속해서 최고의 경지를 넘어선다.

그렇다고 이 모든 게 '뉴스'가 되는 건 아니다. 정보마다 가치가 다르고, 신문의 지면은 한정돼 있기 때문이다. 신문에 실린 정보는 현대인이라면 꼭 알아야 할 '요약 노트'인 셈이다.

매일 신문을 읽으면 급변하는 사회 흐름을 파악하고, 삶에 꼭 필요한 정보를 획득할 수 있다. 시대 변화를 읽고 발 빠르게 대응하고 싶다면 꾸준히 뉴스를 접해야 한다. 재테크를 예로 들어 보자.

여러 경제 신문을 읽고 다양한 정보를 습득한 사람은 그렇지 않은 사람보다 정부나 기업에서 제공하는 각종 혜택을 받을 가능성이 높다. 정보에 둔감한 사람은 늘 한발 늦을 수밖에 없기 때문이다. 실속만 알뜰하게 챙기는 '체리 피커(케이크 위의 체리만 빼먹는 얌체 같은 사람을 이르는 말)'들도 경제 기사를 열심히 읽는다.

평생 배움의 시대
옥석 가르는 '안목' 키우기

달라진 도로교통법이나 대입 제도 개편 등은 우리 삶에 직접적인 영향을 미친다. 미리 알고 기민하게 대처하지 않으면 불이익을 받을 수도 있다. 세법 개정처럼 복잡한 경우는 더욱 그렇다.

이럴 때 신문은 해설사 역할을 톡톡히 해 준다. 사실 분석은 물론 특정 사안에 대한 전문가 의견, 미래에 대한 예측과 전망까지 전반적인 내용을 매우 상세하게 풀어 주기 때문이다.

신문에 실린 객관적인 정보와 상황 분석은 독자가 사회현상의 의미를 제대로 파악하고 앞날을 대비할 수 있도록 돕는다. 간편하게 가지고 다니며 언제든 읽을 수 있으니 세상살이에 유용한 안내서나 다름없다.

세계적인 기업가 워런 버핏은 매일 아침 신문을 공들여 읽는 것으로 유명하다. 워런 버핏뿐만이 아니다. 21세기에 정보는 지식의 원천이자 가치를 창출하는 기회가 되기 때문에 세계를 주름잡는 정치인, 기업가, 저명한 석학들도 신문을 꼼꼼히 챙겨 읽는다.

인기리에 종영된 미국 드라마 〈실리콘 밸리Silicon Valley〉엔 정보가 자산으로 뒤바뀌는 극적인 예가 나온다. 냉철하고 이성적인 투자가 피터 그레고리는 세계 시장에 참깨를 가장 많이 공급하는 세 나라와 그 나라의 매미 번식 시기를 조합해 이듬해 참깨 값이 치솟을 것을 예상한다. 그리고 싼값에 매물로 나온 참깨를 모두 사들여 물량 부족으로 가격이 폭등했을 때 천문학적인 수익을 거둔다. 정보 속에 숨어 있는 '기회'를 포착한 것이다. 그 보석 같은 기회를 발굴하기 위해 성공한 사람들은 하루도 빠짐없이 신문을 읽는다.

AI와 공존하는 미래
'질문하는 힘' 길러야

인공지능Artificial Intelligence 기술이 발달하면서 정보와 지식을 습득하고 활용하는 방식이 빠르게 변하고 있다. 무조건 지식을 달달 외우기보단 기초 지식을 바탕으로 창의적인 질문을 던지고, 이를 통해 새로운 것을 창조하는 방향으로 전환되고 있는 것이다.

앞서 예로 들었던 피터 그레고리처럼 미래엔 끊임없이 새로운 질문을 던지고 창의적으로 정보를 융합할 줄 아는 사람에게 더 많은 기회가 열릴 것이다. 정해진 질문에 답을 하는 건 인간보다 인공지능이 훨씬 더 잘하기 때문이다.

좋은 답은 좋은 질문에서 나온다. 남다른 결과물을 얻고 싶다면 먼저 창의적인 질문을 던져야 한다. 질문을 하려면 우선 그 분야에 대해 잘 알아야 한다. 세상에 대한 기초 지식이 부족하면 발전적 사고의 동력이 되는 질문 역시 떠올릴 수 없다.

질문은 관심에서 나오고 관심은 호기심에서 촉발된다. 관심과 호기심에서 싹튼 질문은 문제에 대한 새로운 인식과 탐구로 이어진다. 탁월한 질문을 던지려면 일단 세상에 무엇이 존재하는지부터 정확히 알아야 한다.

학교 앞 도로에선 차들이 왜 천천히 움직이는지, 우크라이나와 러시아가 전쟁을 하는데 왜 전 세계 밀값이 폭등하는지, 바닷물로 어떻게 전기를 일으키고 배터리를 만드는지 관심을 가지고 세상을 들여다봐야 궁금한 점들이 꼬리에 꼬리를 물고 이어진다. 이런 질문들은 궁극적으로 사회가 더 나은 방향으로 발전하도록 이끈다. 새로운 세대가 던지는 창의적인 질문은 미래 사회를 움직이는 원동력이 된다. 어른들과 마찬가지로 아이들이 '세상을 읽어야' 하는 이유다.

이제 AI는 작가처럼 소설을 쓰고 화가 뺨치게 그림을 그린다. 일부 국가에선 AI에게 판결까지 맡기고 있다. 인간의 고유 영역이라 믿었던 부분까지 AI가 손쉽게 해결해 내는 모습을 지켜보며 긍정적 기대와 부정적 우려가 교차하고 있다.

향후 10~20년 후를 살아갈 우리 아이들은 반드시 기계와 차별화되는 미래 역량을 키워야 한다. 아이와 함께 신문을 읽으며 세상에 관한 관심과 호기심을 키워 주자. 다방면에 관심을 가지고 궁금한 점을 묻고 답하다 보면 창의적 대안을 제시할 수 있는 내공이 길러진다. 대체 불가능한 인재로 성장하기 위해 우리 아이들은 궁극적으로는 남과 다른 '질문'을 던질 수 있어야 한다.

'NIE 시작하기' 핵심 정리

① 신문에는 수준 높은 지식과 최신 정보가 집약돼 있다.

➡ 꾸준히 읽으면 상식과 어휘가 풍부해진다.

② 사회, 과학, 경제, 문화, 스포츠 등 사회 여러 분야의 소식을 골고루 접할 수 있다.

➡ 자녀의 관심사와 시야를 확장시키는 데 도움이 된다.

③ 현장의 생생함이 살아 있는 사진, 인포그래픽 같은 시각 자료가 많다.

➡ 읽기 부담은 줄이고 읽는 재미는 높인다.

④ 전국에서 일어난 사건, 사고부터 지구 반대편 소식까지 매일 새롭게 업데이트된다.

➡ 생동감 넘치는 이야기는 호기심을 콕콕 자극한다.

⑤ 세계를 주름잡는 리더들은 신문을 열심히 읽는다.

➡ 신문 속에 성장의 기회가 숨어 있다.

신문 활용 교육

STEP 2

신문과 친해지는
재미있는 신문 놀이

01 | 집중력을 높이는 오감 놀이

신문 읽기는 교육적으로 장점이 많은 활동이다. 하지만 막상 아이와 신문 활용 교육NIE을 시작하려고 하면 엄두가 나지 않는 게 사실이다. 기자였던 나 역시 '신문'과 '교육'을 접목하는 일이 늘 쉽지만은 않았다. 엄마가 아무리 계획을 잘 세워 놓아도 아이들 자체가 변수다 보니 계획대로 되는 날보다 그렇지 못한 날이 더 많았다.

그렇다고 지레 겁먹을 필요는 없다. 일단 신문과 신나게 노는 게 NIE의 시작이자 가장 효과적인 교육 활동이기 때문이다. NIE의 궁극적 목적은 '문해력'과 '질문하는 힘'을 길러 사고력과 창의력을 높이는 데 있다. 최종 목적지를 향해 나아가려면 우선 아이들이 신문과 친해져야 한다.

온몸으로 신나게 놀면서도 많은 것을 배울 수 있다. 아이들에게 놀이는 지식과 사회적 기술을 익히는 배움의 장이다. 유대인들도 아이가 처음 학습을 시작할 땐 놀이를 접목시킨다. 즐겁고 긍정적인 마음이 학습 효과를 배가시키기 때문이다.

준비는 은밀하게
놀이는 친밀하게

NIE에서 신문은 필수 준비물이다. 자녀가 유아나 초등학생이라면 어린이신문을, 문해력이 좋은 초등 고학년이나 중학생 이상이라면 일반 신문을 준비하자. 조선일보(어린이조선일보), 중앙일보(소년중앙), 동아일보(어린이동아) 등 주요 언론사들은 어린이신문을 별도로 발행한다. 일반 신문 구독 시 어린이신문까지 추가하면 두 가지 모두 받아 볼 수 있다.

신문을 구독하면 최신 소식이 가득 담긴 '신선한 정보'를 매일 아침 받아 볼 수 있다. 신문 구독을 원치 않는다면 각 언론사 홈페이지나 포털사이트 뉴스 탭을 이용해 필요한 기사만 인쇄해 사용한다. 언론사 홈페이지에서 '지면 PDF 보기'로 들어가면 각 지면별로 어떤 기사가 실리는지 한눈에 파악할 수 있다.

신문이 준비됐다면 아이들이 호기심과 궁금증을 키울 수 있도록 탐색 시간을 갖는다. 처음엔 엄마가 먼저 신문을 훑어보며 아이들이 관심을 가질만한 표제를 읽어 주거나 흥미로운 사진을 보여 주는 게 좋다. 눈에 잘 띄는 곳에 평소 아이가 좋아하는 주제의 기사를 오려 붙여 놓는 것도 방법이다. 아이들이 먼저 신문을 집어들 수 있도록 은밀하게 사전 작업을 시작해 보자.

아이가 신문에 관심을 보이기 시작했다면 NIE를 '재미있는 놀이'로 인식할 수 있도록 쉽고 간단한 활동부터 시작하는 게 좋다. 그래야 기사 내용이 점차 어렵고 까다로워져도 기꺼이 해낸다.

지루함은 학습을 가로막는 가장 대표적인 걸림돌이다. 아이와 NIE를 할 땐 처음부터 기사를 또박또박 읽거나 강제로 따라 쓰게 하면 안 된다. 독서광 마틸다(로알드 달 작품 '마틸다' 주인공)도 말하지 않았던가. "재미있으면 배우고 있는 거(If you're having fun, you're learning)."라고.

유아~초등 저학년을 위한
오리고 붙이고 그리며 상상하기

한글을 읽지 못하거나 읽기에 서툰 자녀와는 오감을 자극하는 공작 놀이가 제격이다. 신문엔 제임스웹 우주망원경JWST이 촬영한 환상적인 우주 사진부터 수많은 인파가 신나게 물놀이를 즐기는 장면까지 아이들의 눈길을 사로잡는 사진이 다채롭게 실려 있다.

PLAY 1 **집중력이 쑥쑥, 내 맘대로 만드는 직소 퍼즐**

마음에 드는 사진을 골라 두꺼운 도화지에 붙인 뒤 마음대로 자르면 순식간에 직소 퍼즐이 완성된다. 아이가 원하는 대로 자르도록 하되 처음엔 6조각, 8조각 정도로 무난하게 시작한다. 처음부터 너무 복잡하게 조각조각 자르면 퍼즐을 완성하지 못해 실망할 수 있다. 사진을 고르는 것부터 자르고 붙이는 모든 활동은 아이가 스스로 할 수 있게 하자. 사진을 오리고 퍼즐을 맞추다 보면 소근육 발달과 함께 집중력이 향상된다. 부모가 함께 퍼즐을 만들며 예시를 보여 주면 아이들도 잘 따라 한다.

PLAY 2 **순간 몰입도 최고, 숨은 그림 찾기**

여러 사물이나 동식물, 다채로운 요소들이 복합적으로 들어간 사진으로는 '숨은 그림 찾기'를 해 볼 수 있다. 예를 들어 대형 마트에서 사람들이 쇼핑하는 사진(경제면)을 찾았다면 사진 곳곳에 숨어 있는 물품들을 부모가 미리 찾은 뒤 사진 아래쪽에 적어 둔다. 눈에 잘 띄는 것부터 꼼꼼히 봐야만 찾을 수 있는 것까지 난이도를 조절하는 게 관건. 너무 어려워도 문제지만 쉬우면 아이들이 시시해한다. 아이가 이 활동을 좋아하면 반대로 아이가 문제를 내게 해도 좋다.

　신문엔 아이들의 상상력을 자극하는 사진도 많다. 화성 탐사선 '퍼시비어런스'의 활동 모습처럼 아이들을 매료시킬 사진을 찾았다면 절반만 잘라 도화지에 붙인다. 가장 눈에 띄는 부분만 잘라 붙여도 좋다.

　사진을 함께 보며 아이들에게 질문을 던지자. 도대체 현장에선 무슨 일이 벌어지고 있을까? 탐사선 옆엔 뭐가 있을까? 우리가 그곳에 있다면 어떤 표정을 짓고 있을까? 조잘조잘 이야기를 나누며 각자 상상한 내용을 그림으로 그린다. 그럴싸한 제목까지 붙이면 멋진 상상화가 완성된다. 초등 저학년 자녀와는 자기 작품에 대해 설명하는 활동을, 고학년 자녀와는 그림 활동을 연계할 수 있다.

초등 저학년~초등 고학년을 위한
모르는 낱말로 창의력·추론 능력 키우기

초등 교과서엔 어려운 어휘가 꽤 많이 나온다. 초등 1, 2학년 국어 교과서엔 '마치다'와 '맞히다'처럼 아이들이 자주 헷갈리는 단어가 총집합해 있다. 초등 3학년부턴 사회, 과학 등 교과목이 늘어나며 개념어가 쏟아져 나온다. 신문에서 배운 수준 높은 어휘로 게임 하듯 공부하면 단어 뜻을 유추하는 실력까지 쌓을 수 있다.

모르는 단어로 N행시 짓고 끝말잇기 놀이

　기사 제목인 표제는 글자가 커서 오려 두면 여러모로 유용하게 쓰인다. 각 면을 훑어보며 표제 속 낱말들을 가위로 오린다. 아이가 모를 법한 낱말, 자주 쓰이진 않지만 꼭 알아야 할 용어 위주로 추린다. 뜻을 몰랐던 낱말이나 전문 용어는 눈에 띄는 곳에 붙여 둔다. 집 안을 오가며 자주 들여다보면 금세 익숙해진다.

　오린 낱말을 활용해 N행시 짓기 대결을 펼쳐도 좋다. 예를 들어 '제명(명단에서 이름을 지워 자격을 박탈함)'이란 단어를 찾았다면 온 가족이, 또는 친구들과 함께 돌아가며 이행시를 짓는다. 다 함께 운을 띄우고 거수로 1등을 가린다. 여러 번 외치며 재미있게 익히면 그 단어는 절대 잊어버리지 않는다.

　잘라 둔 단어를 상자에 모아 두고 하나씩 꺼내 끝말잇기를 해도 좋다. 동시에 여러 개의 단어를 뽑아 문장 만들기를 하면 글짓기 실력을 키우는 데 도움이 된다. '상승'과 '미흡'이란 단어를 뽑았다면 '결과물은 미흡했지만 실력은 상승했다' 같은 문장을 만들어 볼 수 있다. '고발', '미생물'처럼 단어끼리 관련성이 떨어질수록 더 창의적인 문장이 만들어진다.

공부가 되는 어휘 추론하기

　상자에 모아 둔 낱말 중 확실히 뜻을 익힌 단어들은 주기적으로 정리해 버린다. 버리기 전엔 낱말들을 한 글자씩 잘라 스케치북 위에 흩어 놓고 글자를 조합해 새로운 어휘를 만들어 본다. '위/촉', '인/산/인/해', '수/장' 등의 단어를 잘라 놓으면 '위장', '수해', '산수', '촉수' 같은 낱말을 만들 수 있다. 누가 새로운 단어를 가장 많이 만드는지 내기하면 재미가 배가 된다. 새로 만든 어휘 중 아이가 잘 모르는 낱말이 있다면 '물 수(水)'처럼 글자의 기본 뜻을 활용해 의미를 파악하도록 유도하자. 아이가 어려워하면 힌트를 주며 친절히 알려 주도록 한다.

활동의 난도를 높여 독해와 추론 연습을 동시에 해 볼 수도 있다. 먼저 표제에서 핵심어를 오려 '빈칸'을 만든다. 그런 다음 기사를 읽으며 빈칸에 적합한 단어를 찾도록 한다. 정답이 아니더라도 아이가 비슷한 뜻의 단어를 떠올렸다면 동그라미표를 해 준다. 이런 활동을 자주 하면 핵심어를 콕 짚어 내는 능력과 주제를 파악하는 능력이 향상된다.

| ## 환경을 생각하는

DIY (Do It Yourself)

신문에서 환경 관련 뉴스는 매우 큰 비중을 차지한다. 우리 일상에 직접적인 영향을 끼치기 때문이다. 아침마다 확인하는 미세먼지 농도부터 집 안에서 배출되는 각종 생활 쓰레기까지 우리는 환경과 끊임없이 영향을 주고받으며 살아간다.

신문을 읽으면 우리가 직면해 있는 문제가 더 뚜렷하게 보인다. 해수 온도 상승으로 더 강력해진 '수퍼 엘니뇨' 현상, 사상 최악의 산불로 신음하는 세계 여러 나라, 점점 늘어나는 기후 난민 등 모든 게 자연환경에서 촉발된 결과물이다.

아이들도 환경과 우리 삶이 무관하지 않다는 걸 잘 안다. 장마가 길어져 여행 계획이 취소되는가 하면, 갑자기 내린 폭설로 휴교령이 내려지기도 한다. 특히 유·초등 시기 팬데믹을 겪은 아이들은 자연의 소중함과 위대함을 누구보다 잘 안다.

유아~초등 저학년을 위한
땀이 쭉쭉 나는 신나는 신체 놀이

환경 기사엔 생활 밀착형 정보와 교과 연계 지식이 많이 담겨 있다. 교육적으로 활용하기 좋은 사진이나 그래픽 자료도 다양하게 실린다. 생태계, 먹거리, 교통수단 등 우리 삶과 직간접적으로 연결된 부분들은 아이들의 흥미를 쉽게 이끌어 낸다. 한마디로 환경 뉴스는 NIE에 최적화된 재료다.

특히 환경오염의 실태와 심각성을 깨달을 수 있는 기사는 아이들에게 자연의 소중함을 일깨우고 잘못된 생활 습관을 반성하게 한다. 이런 기사를 읽은 날엔 환경 보존을 위해 생활 속에서 우리가 실천할 수 있는 방법을 찾아보자. 재미에 의미까지 담긴 활동들로 충만한 시간을 보낼 수 있다.

PLAY 1 땀이 흠뻑 나는 재밌는 신체 놀이

아이가 심심해할 땐 재활용품으로 다양한 놀잇감을 만들어 보자. 날짜 지난 신문지를 단단하게 말아 길게 연결하면 줄넘기가 완성된다. 종이 줄이 끊어지기 전까지 누가 가장 많이 넘는지 내기하면 땀이 흠뻑 나는 신나는 놀이가 된다(아이들은 튼튼하고 강력한 끈을 만들기 위해 각자 열심히 머리를 짜낸다).

영화 속에 등장하는 광선검처럼 신문지를 돌돌 말아 꾸민 뒤 칼싸움을 하거나 눈싸움하듯 신문지를 뭉쳐 던지고 놀아도 재미있다. 각자의 영역을 정해 놓고 상대편 진영으로 신문지 공을 더 많이 던져 넣는 사람이 이기는 게임을 하면 아이들의 승부욕이 불타오른다.

태권도장에서 송판을 격파하듯, '신문지 격파왕 대회'를 열어도 좋다. 신문지를 계속 절반씩 접어 가며 누가 가장 좁은 지면 위에 오래 서 있는지 겨루는 것도 방법이다. 맛있는 간식을 걸고 가족끼리 편을 나눠 진행하면 놀이가 훨씬 더 흥미진진해진다.

운동할 시간이 부족한 아이들에게 신문지 놀이는 온몸을 움직이며 에너지를 발산할 수 있는 좋은 기회가 된다. "같이 기사 읽고 장난감 만들어 놀자!" 미리 예고하면 신문 읽을 때 아이들의 집중도도 쑥쑥 올라간다.

PLAY 2 광고면의 재발견! 창의력이 자라는 퍼펫 인형극

제법 큰 택배 상자가 배달된 날엔 그냥 버리지 말고 인형극 상자를 만들어 보자. 독일의 대문호 괴테도 인형극 상자를 가지고 놀며 창의력과 상상력을 키웠다. 만드는 과정 역시 어렵지 않다. 먼저 한쪽 옆면을 테두리만 남긴 뒤 모두 도려낸다. 상자 뚜껑 부분은 모두 잘라 낸다. 신문 전면 광고 중 적당한 것을 골라 무대 배경이 되는 안쪽 면에 붙인다. 한쪽 옆면과 윗면이 뻥 뚫린 상자를 책상 위에 세우면 인형극 무대가 완성된다.

그다음으로는 무대에 오를 인형을 만든다. 광고면에서 잘라 낸 인물이나 동물, 귀여운 캐릭터를 휴지심에 붙이고, 휴지심에 낚싯줄을 연결하면 손쉽게 퍼펫(puppet, 꼭두각시 인형)을 만들 수 있다. 낚싯줄 끝을 연필에 묶으면 조종하기 더 편하다.

퍼펫을 하나씩 들고 각자 좋아하는 책의 주인공이 되어 공연을 펼치면 즐거운 시간을 보낼 수 있다. 최근 읽은 신문 기사로 이야기를 창작해 인형극을 해 볼 수도 있다. 아나운서와 기자 퍼펫을 만들고 뉴스를 진행해 보는 것도 재미있다. 멋진 퍼펫 쇼가 나오는 영화 〈사운드 오브 뮤직〉의 한 장면처럼, 두고두고 잘 활용하면 잊지 못할 유년의 추억을 만들 수 있다.

PLAY 3 폐신문지로 오감 자극 놀이

폐신문지를 이용해 재생 종이를 만들면 아이들이 좋아하는 오감 놀이가 된다. 먼저 세숫대야에 폐신문지를 최대한 잘게 찢는다. 그간 마음속에 쌓였던 우울감이나 스트레스를 시원하게 날려버릴 수 있도록 아이들과 함께 신나게 팍팍 찢자.

잘게 찢은 종이는 따뜻한 물에 넣어 하루 이틀 불린다. 종이가 죽처럼 변하면 체에 밭쳐 물기를 제거하고 판판한 판에 얇게 편다.

판에서 쉽게 떨어질 때까지 바짝 말리면 재생 종이가 완성된다. 하트, 별 등으로 모양을 잡아 말리면 세상에 하나뿐인 재생 종이가 탄생한다.

종이가 완전히 마르기까지 꽤 오랜 시간이 걸린다. 만드는 과정도 다소 번거로울 수 있다. 종이가 완성되기까지 매일 확인하며 아이들과 환경 기사를 읽고 이야기를 나눠 보자. 우리가 매일 얼마나 많은 쓰레기를 만들어 내는지, 자원 재활용엔 또 얼마나 많은 에너지가 들어가는지 절실히 깨닫고 나면 아이들도 자발적으로 물건을 아껴 쓰고 절약하게 된다.

초등 중학년~고학년을 위한
세상 하나뿐인 포토 카드와 비전 보드

아이들을 키우다 보면 다 쓰지 않은 공책부터 각종 포장지까지 엄청난 양의 종이 쓰레기가 나온다. 그중 깨끗한 종이만 묶어 연습장으로 재사용하거나 택배 보낼 때 완충재로 재활용하면 쓰레기양을 줄일 수 있다. 아이들과 함께 쓰레기 재활용법을 고민해 보자. 기존에 없던 방법을 떠올려 보는 것만으로도 훌륭한 사고 훈련이 된다.

PLAY 1 재활용품으로 건축 모형 만들기

신문엔 세계적으로 유명한 건축물이 자주 소개된다. 로마의 상징 콜로세움이나 그리스의 파르테논 신전처럼 이색적이고 독특한 건물을 발견한 날엔 사진을 보며 건물 모형을 만들어 보자. 다 쓰고 남은 휴지심, 플라스틱 뚜껑, 빨대 등을 이용하면 세계 각지를 대표하는 유명 건축물을 만들 수 있다. 참고로 세계에서 가장 높은 두바이의 '부르즈 할리파'는 휴지심을 쌓아 올린 것처럼 생겼다. 신문 속 알록달록한 사진을 이용해 겉면을 꾸미면 더욱 근사한 모형을 만들 수 있다.

PLAY 2 덕후의 시대! 나만의 스타 애장품 만들기

아이가 좋아하는 배우나 가수 기사가 신문에 실린 날엔 특별한 애장품을 만들어 보자. 기사에서 사진만 오려 두꺼운 도화지에 붙인 뒤 스티커 등을 이용해 꾸미면 요즘 학생들 사이에서 유행하는 '포토 카드'가 완성된다. 노트나 스케치북에 기사를 스크랩하고 날짜와 주요 내용을 요약해 정리하면 유일무이한 '스타 앨범'이 만들어진다.

PLAY 3 공부 의욕 충전! 생생한 꿈의 지도 만들기

신문에 실린 다양한 사진을 이용해 '비전 보드'를 만들어 보는 것도 도움이 된다. 함께 기사를 읽다 아이가 관심을 보이는 인물이

나 물건이 있다면 잊지 말고 꼭 오려 두자. 여행 가고 싶은 나라, 살고 싶은 집, 가고 싶은 학교 등도 좋다.

아이가 공부하기 싫어할 때 모아 둔 사진을 이용해 '비전 보드'를 꾸며 보자. 앞으로 이루고 싶은 목표를 쓰고 그 옆에 생생한 사진을 붙여 두면 학습 의욕을 고취시키는 '꿈의 지도'가 완성된다. 이것을 책상 앞에 붙여 두면 공부 목표를 상기시키는 데 효과적이다. 건축가, 작가, 수학자 등 '롤 모델'로 삼고 싶은 인물 기사를 함께 붙여도 좋다.

PLAY 4 교과 연계도 높은 환경 NIE, 기록하고 저장하기

환경 문제의 심각성을 깨달을 수 있는 신문 기사는 교과 연계도가 높다. 기사를 읽고 같은 주제의 책을 읽거나 문제 해결을 위한 탐구 활동으로 연결하면 사회, 과학 공부를 할 때도 도움이 된다. 기사를 읽고 간추린 내용과 느낀 점을 담아 신문 일기를 쓰면 그 자체로 훌륭한 학습 활동이 된다. 앞에 제시된 예처럼 환경 기사를 읽고 의미 있는 활동을 한 날엔 결과물을 사진으로 찍어 저장해 두자. 교내 글짓기 대회나 각종 글쓰기 수행평가를 할 때 자기만의 경험을 녹여 넣으면 좋은 평가를 받을 수 있다. 환경에 관심이 많은 학생이라면 관련 기사를 꾸준히 스크랩해 모으는 것도 좋다. 이는 향후 상급 학교 면접 때 자기 관심 분야를 드러낼 수 있는 유용한 자료가 된다.

03 | 창의 사고력을 키우는 융합 활동

유튜브 시청은 요즘 학생들이 콘텐츠를 소비하는 주된 방법이다. 유튜브엔 단순 먹방부터 역사, 의학 등 전문 지식을 알기 쉽게 소개하는 영상까지 각양각색의 콘텐츠가 올라온다. 유용한 정보를 제공하거나 배꼽 빠지게 재미있는 채널엔 자연히 구독자가 몰린다. 구독자 수가 많은 크리에이터는 사회적으로 큰 영향력을 갖는다.

창의력은 콘텐츠 제작에서 가장 중요한 핵심 능력이다. '새로운 생각을 해내는 힘'이 있어야 차별화가 가능하다. 창의력은 종종 융합을 통해 발현된다. 획기적인 발명품 역시 기존에 존재하던 것들을 예상치 못한 방식으로 결합했을 때 탄생하곤 했다. 스티브 잡스도 '컴퓨터'와 '전화기'를 결합해 인류의 삶을 뒤바꾼 '스마트폰'을 만들어 냈다.

신문에 보도된 다양한 사회문제와 각계각층 사람들의 이야기는 아이들에게 창의적인 영감을 불어넣는다. 서로 관련 없는 것들을 놀이처럼 연결 짓다 보면 창의력이 샘솟는다. 서로 다른 의견을 읽고 같은 문제를 다각도로 접근해 보는 연습을 하면 남과 다르게 생각하는 힘이 길러진다.

유아~초등 저학년을 위한
창의력과 사고력을 동시에 키우는 특별한 '1+1'

신문엔 큼지막한 사진이나 삽화, 정보가 가득 담긴 인포그래픽 등이 다양하게 실려 있다. 흥미로운 시각 자료는 그냥 지나치지 말고 따로 오려 봉투에 모아 둔다. 어느 정도 자료가 모이면 무작위로 두 가지를 뽑아 창의적 융합 활동을 해 보자.

PLAY 1 두뇌를 콕콕 자극하는 강제 결합법 활용하기

책을 읽다 보면 어딘가 닮은 듯한 이야기를 발견할 때가 있다. '콩쥐'와 '신데렐라'도 묘하게 닮은 구석이 많다. 새엄마의 구박으로 온갖 노동에 시달리고, 의붓형제에게 괴롭힘을 당한다. 이 둘이 만나면 어떤 이야기가 펼쳐질까? 상상만 해도 재미있는 아이디어가

샘솟는다.

신문도 마찬가지다. 지면을 펼쳐 보면 '강제 결합'할 수 있는 요소들이 어마어마하게 많다. 강제 결합법이란 전혀 상관없어 보이는 두 개 이상의 생각이나 사물을 강제로 연결해 새로운 아이디어를 창출하는 방법이다.

예를 들어 자료 봉투에서 하얀 주방장 모자를 쓴 요리사(인물 기사) 사진과 선수들이 한창 경기를 펼치고 있는 배구장 모습(스포츠 기사)을 뽑았다면 심판 자리에 요리사를 붙여 볼 수 있다. 이렇게 만들어진 기상천외한 사진은 아이들의 호기심을 자극한다. 육하원칙에 맞춰 사진 설명을 하도록 하면 엉뚱하고 기발한 이야기들이 마구 쏟아져 나온다.

문화면에 소개된 '니콜라스 튈프 박사의 해부학 수업'에 경제 기사에서 오린 고등어를 잘라 붙여도 독특한 사진이 완성된다. '해수 온도 상승으로 지구에 딱 한 마리 남은 고등어를 해부하는 의사들'이란 설명까지 덧붙이면 현실 문제를 유쾌하게 풍자한 작품이 탄생한다. 군인, 경찰 등 유니폼을 입은 사람들을 오려 세계 정상회담 장면에 붙이고 '세계 직업회담'이 열렸다는 가상 뉴스를 쓰면 글쓰기도 재미있어진다. 강제 결합법을 활용해 결이 다른 사진들을 마음대로 연결 짓다 보면 두뇌가 콕콕 자극된다.

균형 있는 시각을 키우는 광고 만들기

신문에서 오린 제품 사진을 이용해 광고지를 제작해 볼 수도 있다. 먼저 옷이나 자동차에 나만의 디자인을 입혀 세상에 하나뿐인 제품을 만든다. 여기에 물에 젖지 않는 노트, 입력된 경로대로 반려견을 산책시켜 주는 로봇 등 다른 제품에는 없는 특수한 기능을 추가한다. 제품 특성을 고려해 이름을 짓고 가격을 책정한다. 아이 스스로 질문하고 답하며 생각을 발전시켜 나가도록 충분히 시간을 준다.

이때 아이들은 판매자 관점에서만 생각하기 쉬우므로 부모가 곁에서 적절한 질문을 던져주는 게 좋다. 다른 제품과 차별화된 점은 무엇인지, 가격이 터무니없이 비싸진 않은지, 추가한 제품 기능이 꼭 필요한 것인지 소비자 입장에서 질문하면 아이도 양쪽 모두의 이익을 고려해 생각하게 된다.

PLAY 3 창의 사고력을 높이는 제도 만들기

우리 사회에 꼭 필요하다고 생각하는 법이나 제도를 만들어 보는 것도 유익한 활동이다. 문제를 일으킨 원인과 결과에 주목해 해법을 떠올려 보자. 영국은 아동 비만율을 줄이기 위해 '설탕세'를 도입했고, 중국은 산림 훼손의 심각성을 깨닫고 일회용 젓가락에 '젓가락세'를 붙였다.

평소 생활하며 느꼈던 문제점이 있다면 관련 법이나 해결책이 있는지 인터넷으로 검색해 보자. 다양한 대안들을 살펴보며 장단점을 비교, 대조해 보면 보다 발전된 해법을 제시할 수 있다.

직접 법안을 발의해 보는 것도 한 가지 방법이다. 어린이가 어떻게 법을 만들 수 있을까 의아할 수 있지만 충분히 가능하다. 공중화장실에 설치된 아동용 세면대도 불편함을 느낀 한 어린이의 제안으로 시작된 것이다. 우리에게 꼭 필요한, 의미 있는 제도를 떠올려 보면 주변 환경과 사회문제에 더 깊은 관심을 기울이게 된다.

독특한 상상, 엉뚱한 호기심은 혁신과 발전의 씨앗이다. 신문에서 읽은 기절초풍할 이야기, 해괴한 발명품들은 아이들에게 영감을 불어넣는 긍정적 자극이 된다. 신문에서 흡수한 각종 정보와 지식에 우리만의 신박한 아이디어를 더해 보자. 비범함은 일상의 평범함에서 비롯된다.

초등 중학년~고학년을 위한
상상의 날개 타고 글쓰기 장벽 뛰어넘기

작품을 만드는 데 정해진 정답은 없다. 새로운 결과를 끌어내는 과정이 있을 뿐이다. 다른 요소들을 조합해 의미를 만드는 작업은 틀에 얽매이지 않고 자유롭게 사고하는 기회를 제공한다. 아이들의 창의력과 사고력이 동시에 자랄 수 있도록 이색 조합 찾기 활동을 자주 즐겨 보자.

PLAY 1 **시나리오부터 웹소설까지, 작가처럼 글쓰기**

신문엔 기상천외한 소식들이 많이 실린다. 태어나서 한 번도 머리카락을 자르지 않은 여성이나 부모를 잃은 충격에 동물원을 탈출한 얼룩말의 사연은 애니메이션 '라푼젤'과 '마다가스카'를 연상케 한다.

이런 기사를 읽은 날엔 기존 애니메이션을 참고해 새로운 영화 시나리오를 써 볼 수 있다. 우선 기사 내용을 토대로 주인공과 등장인물, 시공간적 배경과 사건을 정리한다. 그런 다음 원작을 모티브 삼아 주인공이 어떤 모험을 펼쳐 나갈지 구체적으로 적어 본다.

요즘 학생들이 좋아하는 웹소설이나 패러디(원작을 살짝 비틀어 새로운 이야기를 만들어 내는 표현 형식) 작품처럼 이야기를 전개해 보는 것도 방법이다. 기존 작품을 살짝 비틀거나 상상을 가미해 새롭게 변형시키면 된다. 진짜 작가가 된 것처럼 복선, 반전 같은 장치를 심어 놓으면 그럴싸한 작품이 완성된다. 하나부터 열까지 모두 창작하는 것보다 기존 작품을 변형해 쓰는 게 부담이 더 적다.

중고등학교에서는 단편소설 쓰기를 비롯해 모의재판, 위인과의 가상 인터뷰 등 상상해서 글을 쓰는 과제가 적잖이 나온다. 향후 아이가 글쓰기 때문에 애를 먹지 않도록 이색적인 소재를 발견한 날엔 쓰는 연습을 하도록 이끌어 주자.

신문에서 공상과학 소설에서나 나올 법한 공기정화 헤드셋(미국 다이슨)이나 팔, 다리 힘이 세지는 '입는 로봇'을 보면 "세상에 이런 물건이!"를 외치게 된다. 이렇게 신기하고 놀라운 발명품을 조선 시대 사람에게 드론으로 배달해 준다면 어떤 일이 벌어질까?

불가능한 상황을 가정해 친구 또는 가족끼리 대화를 나누면 흥미진진한 이야기가 오간다. 코로나19보다 더 강력한 전염병이 전 세계에 퍼진다면? 뇌에 칩을 이식해 공부하지 않아도 똑똑해질 수 있다면? '만약에 이런 일이'를 주제로 신나게 수다를 떨다 보면 재미있고 이색적인 아이디어가 퐁퐁 솟아오른다. 생각이 많으면 많을수록 쓸 거리도 늘어난다.

글쓰기 전 대화를 나누면 보다 명확하게 글을 쓸 수 있다. 말하는 과정에서 불필요하거나 적절치 않은 내용을 미리 걸러 낼 수 있기 때문이다. 또 쉽게 읽히는 글을 쓰려면 어떤 예를 드는 게 좋은지, 어떤 표현이 더 설득력 있는지 힌트를 얻을 수도 있다.

대화는 글쓰기 전 뼈대를 잡는 '개요 쓰기'와 비슷한 역할을 한다. 아이가 글쓰기를 힘들어 한다면 쓰기 주제로 이야기를 나누며 아이의 말을 받아 적어 보자. 메모한 내용에서 핵심어들을 추린 뒤 각각의 단어를 문장으로 바꾸면 한 편의 글이 완성된다. 아이가 익숙해질 때까진 부모가 도와주는 게 좋다.

현대 사회에서 인기 직종으로 꼽히는 직업 중엔 과거에 상상도 못했던 일들이 적지 않다. 반려동물을 위한 미용사(동물+미용), 올림픽에 출전하는 게이머(게임+프로 선수) 등이 대표적인 예다.

서로 관련 없는 직종을 연결해 보거나 사람들이 좋아하는 것과 필요로 하는 것을 접목시키면 미래에 어떤 직업이 각광 받을지 예상할 수 있다. 아이들이 어려워하는 수학과 좋아하는 게임을 접목해 교육용 앱을 개발한 '토도수학'도 사람들의 '불만'과 '욕구'를 결합해 신사업을 개척했다.

십 대 때부터 '내가 좋아하는 것'과 '세상이 필요로 하는 것'을 연결 지어 생각해 보면 궁극적으로 자기가 하고 싶은 일을 찾게 된다. 브레이고 랩스Braigo Labs 최고 경영자인 슈브함 바네르제도 이 같은 방식으로 최연소 창업자가 됐다. 그는 13살 때 레고로 점자 프린트를 만들어 세상을 깜짝 놀라게 했다. '시각장애인들은 어떻게 글을 읽을까?'란 궁금증을 혁신적인 발명으로 발전시킨 것이다. 목표가 확실하면 구체적인 액션 플랜이 나온다. 신문을 읽고 아이가 좋은 사업 아이디어를 떠올렸다면 함께 사업 계획서나 진로 계획서를 작성해 보자. 글이 구체화 될수록 미래로 가는 길도 점점 더 선명해질 것이다.

04 | 지식이 쌓이는 빙고 게임

신문은 정치, 경제, 사회(사건, 사고, 판결, 교육, 과학기술, 복지, 노동), 문화(문학, 음악, 미술, 종교, 방송, 연예, 건강, 출판 및 공연 소식), 국제(세계 법, 정치, 경제, 사회, 문화, 군사 등), 스포츠 등 사회 전 분야의 최신 소식을 두루 다룬다. 아이가 다양한 분야의 지식을 폭넓게 경험하길 바란다면 신문으로 눈을 돌리자. 매일 꾸준히 읽는 것만으로도 상식과 정보가 켜켜이 쌓인다.

신문을 읽으면 세상에 존재하는지 몰랐던 광대한 세계에 눈을 뜨게 된다. 아는 만큼 보이는 법. 신문을 통해 자신의 관심 분야를 발견한 아이는 해당 분야의 지식을 넓고 깊게 파고든다.

유아~초등 저학년을 위한
놀다 보면 외워지는 낱말 놀이

새롭게 배운 내용을 기억하는 가장 확실한 방법은 쓰기다. '성지 순례'인지 '성지술래'인지, '콜레라'인지 '콜래라'인지 써 보지 않으면 헷갈리기 쉽다. 시간을 투자해 꾹꾹 눌러 써야 기억에 오래 남는다. 쓰기는 훈련이 필요한 영역이다. 이제 막 한글을 익히기 시작한 유아나 쓰기 경험이 많지 않은 초등 저학년은 '낱말 쓰기'부터 차근차근 시작하는 게 좋다.

PLAY 1 맞춤법까지 저절로 외워지는 어휘 빙고

신문 기사를 읽다 새로운 용어나 모르는 낱말을 발견하면 색연필이나 형광펜으로 표시해 둔다. 뜻을 모르는 낱말은 반드시 사전에서 찾아 정확한 의미를 파악하고 넘어간다.

기사를 다 읽은 다음엔 색칠해 둔 단어들을 이용해 '빙고 게임'을 한다. 평소 쓰기라면 질색했던 아이들도 빙고 칸을 채우라고 하면 신나게 단어를 쓴다. 처음엔 4칸 빙고부터 시작해 점차 9칸, 16칸으로 어휘 수를 늘려 나간다.

빙고 게임은 재미있게 어휘를 체득할 수 있는 손쉬운 방법이다. 손으로 쓰고 입으로 말하다 보면 몰랐던 단어도 금세 외워진다. 맞춤법 연습을 따로 할 필요도 없다. '오판삼선승제'처럼 규칙을 정해 두면 같은 어휘를 여러 번 반복할 수 있어 학습 효과가 배가된다.

`PLAY 2` 두 마리 토끼 잡는 낱말카드

아이들이 열광하는 캐릭터 카드를 어휘 학습에 접목시키면 공부에 재미를 더할 수 있다. 포켓몬 빵에 들어 있는 띠부씰이나 학습만화『마법 천자문』의 한자 카드를 수집하는 것처럼, 기사에서 새로운 어휘나 표현을 찾을 때마다 낱말카드를 만들어 보자.

먼저 손에 쏙 들어오도록 신용카드 크기로 도화지를 자른다. 앞면에 단어를, 뒷면엔 단어 뜻과 예시 문장을 적는다. 추가 설명으로 유의어, 반의어를 덧붙여도 좋다. 단어 뜻을 쓸 땐 최대한 쉽게 풀어 쓴다. '옥새'라는 단어를 배웠다면 '옥으로 만든 국새'보다 '왕의 도장'처럼 아이가 이해하기 쉽게 풀이하는 게 좋다. '진화(進化)' 같은 한자어나 '익스트림 스포츠extreme sports' 같은 외래어는 한자 뜻풀이와 영단어 뜻까지 모두 써 놓는다.

어휘 뜻을 직관적으로 보여 주는 그림까지 그려 넣으면 금상첨화다. 굳이 외우지 않아도 쓰고 그리는 과정에서 어휘가 자연스럽게 체득된다. 아이가 직접 만든 카드를 평소 좋아하는 스티커나 캐릭터 카드로 바꿔 주면 더 의욕적으로 활동에 임한다. 만든 카드가 일정량 이상 쌓였을 때 소원 쿠폰처럼 사용하게 해도 어휘 학습에 큰 동기부여가 된다.

초등 중학년~고학년을 위한

학습 내공이 쌓이는 슬기로운 지식 충천

초등 중학년 이상부턴 아는 것을 정확히 인출하는 훈련이 필요하다. 지필이든, 구술이든 출제자의 의도에 맞게 답할 수 있어야 좋은 평가를 받을 수 있기 때문이다. 아는 것이 많아도 제대로 꺼내 쓰지 못하면 무용지물이다. 친구, 가족들에게 설명도 해 보고 선생님이 된 것처럼 시험문제도 만들어 보면서 학습 내공을 쌓아 보자.

PLAY 1 설명까지 잘해야 이기는 난이도 '상' 빙고

자녀가 초등 중학년 이상이라면 빙고 게임 난이도를 한 단계 높여 보자. 저학년과 같은 방식이지만, 이번엔 단어 뜻까지 설명해야 한다. 단어만 외치고 의미를 설명하지 못하면 기회는 다음 사람에게 넘어간다. 정확히 알아야만 이길 수 있는 것. 신문을 읽고 기사 속 어휘로만 빙고를 하면 게임의 난이도가 더 높아진다.

PLAY 2 두고두고 쓸 수 있는 속뜻 카드

기사를 읽다 재미있는 표현을 발견하면 카드로 만들어 차곡차곡 쌓아 두자. '5060세대, 대중음악 큰손(시장에 영향을 미칠 정도로 씀씀이가 큰 사람)으로 떠올라', '하와이 화산 분출, 펠레 여신이 뿔났다(화가 나다)' 등 신문 기사엔 속뜻을 알아야만 이해할 수 있는 관용

적 표현이 적지 않다. 낱말카드를 만들 듯 속뜻 카드를 만들고, 예문까지 적어 놓으면 향후 글을 읽거나 글짓기를 할 때 관용어 사전처럼 활용할 수 있다. '커다란 손에 돈다발을 든 사람'이나 '머리 위 뾰족한 뿔을 가진 성난 얼굴'처럼 연상되는 이미지까지 그려 넣으면 그 뜻을 절대 잊어버리지 않는다.

PLAY 3 성적이 쑥쑥 올라가는 개념어 카드

기사를 읽다 '개념어'를 발견하면 자녀가 단어 뜻을 확실히 알고 넘어가도록 짚어 주는 게 좋다. 개념어는 '추상적인 생각을 나타내는 말'로 제대로 알아야만 핵심을 꿰뚫을 수 있는 중요 어휘다. 모든 교과서엔 내용 이해의 토대가 되는 개념어가 빼곡하게 들어 있다.

예를 들어 신문 사회면에서 자주 볼 수 있는 '출산율', '고령화', '인구' 등의 단어는 초등 사회 교과서에 빈번히 등장하는 개념어다. 최근 건강 면에서 빠지지 않는 '불안', '자아 존중', '감염병' 역시 초등 보건 교과서에서 중요하게 다뤄지는 개념어다. 예체능 과목도 마찬가지다. 초등 3~4학년 미술 교과서엔 예술면에서나 볼 법한 '기법', '용구', '조형 요소' 등의 개념어가 다수 포함돼 있다.

개념어는 교과 내용 이해에 근간인 만큼 교과서에 줄기차게 나온다. 그런데 개념어의 이런 특성이 아이들에겐 반대로 심각한 '착시 효과'를 일으킨다. 자주 봐서 익숙해진 단어를 '잘 안다'고 착각하는 것이다.

메타인지가 부족한 아이들은 개념어의 의미를 꼼꼼히 되새기지 않고 대충 넘겨 버린다. 이런 식으로 어렴풋이 아는 개념어가 늘어나면 교과 이해도가 떨어지기 시작하고 뜻을 혼동해 맥락에 맞지 않는 단어를 사용하거나(반 전체가 '토의'할 문제를 '토론'하자고 하는 경우), 시험에서 문제 자체를 이해하지 못해 틀리는 불상사가 벌어진다.

평소 신문을 읽으며 개념어 카드를 꾸준히 만들면 학교 수업을 따라가는 데 큰 도움이 된다. 예를 들어 자연재해에 대한 기사를 읽었다면 '집중호우', '지진', '폭설' 등 다양한 자연 현상에 대한 카드를 만들면 된다. 앞면에 개념어를 쓰고, 뒷면에 상황별 발생 원인과 사람들이 입을 수 있는 피해, 대피 요령 등을 함께 적어 두면 그 자체로 훌륭한 공부가 된다. '이재민', '대피소', '경보', '생존 배낭' 등 함께 자주 쓰이는 어휘까지 정리해 두면 어휘력과 배경지식을 동시에 쌓을 수 있다.

PLAY 4 문제 내기도 놀이가 되는 도전 NIE 골든벨!

기사를 읽고 친구, 가족들과 문제 내기 놀이를 해 봐도 좋다. 먼저 읽은 내용을 바탕으로 각자 3~5개 정도의 문제를 낸다. 다른 사람이 문제를 쉽게 맞히지 못하도록 전략적으로 까다롭게 출제한다. 가위바위보로 순서를 정해 돌아가며 자기가 만든 문제를 낸다.

출제자를 제외한 나머지 사람들이 문제를 맞히며, 출제자는 가장 먼저 '정답'을 외친 사람에게 기회를 준다. 가장 많이 맞힌 사람이 최종 승자가 된다.

이렇게 읽은 내용을 바탕으로 직접 문제를 만들어 보면 출제자의 입장에서 생각하게 된다. 또 다른 친구들이 만든 문제들을 살펴보며 같은 내용으로 얼마나 다양한 문제를 만들 수 있는지 깨닫게 된다. 이런 연습을 자주 하면 간접적으로 '출제자의 의도'를 파악하는 훈련을 할 수 있다.

좀 더 재미있는 형식의 퀴즈를 만들어 볼 수도 있다. 기사 내용으로 가로세로 퍼즐 퀴즈, 초성 퀴즈, 사다리 퀴즈 등 형식을 달리하면 푸는 재미가 배가된다. '세상에서 가장 가난한 임금(정답: 최저 임금)', '세상에서 가장 큰 만두(정답: 네팔의 수도 '카트만두')' 등 넌센스 상식 퀴즈를 추가하면 더욱 재미있는 시간이 된다.

한 달에 한 번 가족끼리 'NIE 골든벨'을 진행하면 기억에 남는 추억을 남길 수 있다. 가족 구성원 중 한 사람이 출제자가 되어 문제를 내고, 가장 많이 맞히는 사람에게 문화상품권 같은 상품을 주면 아이들의 승부욕이 폭발한다.

05 | 진로 탐색의 첫걸음, 역할 놀이

　앞으로 고교학점제가 시행되면 고등학생들도 대학생처럼 직접 시간표를 짜게 된다. 자기 적성과 진로에 맞춰 개별적으로 과목을 선택해 듣는 것이다. 꿈과 진로를 일찍 결정할수록 향후 학업 계획 및 입시 전략을 짤 때 시행착오를 줄일 수 있다.

　자기주도적 학습 역량이 뛰어난 학생들은 한 가지 공통점이 있다. 따라 하고픈 롤 모델, 입학하고 싶은 학교, 더 잘하고 싶은 과목 등 저마다 뚜렷한 목표를 가지고 있다는 점이다. 목표가 명확한 만큼 실행 계획도 구체적이고 현실적이다. 목적지가 불분명한 채로 길을 나서면 우왕좌왕하게 되지만, 목적지가 확실하면 최단 경로를 찾아 효율적으로 이동할 수 있는 것과 같은 이치다.

　진로를 결정하는 건 무척 어려운 일이다. 따라서 부모는 아이가 커서 어떤 어른이 되고 싶은지, 어떤 분야에서 재능을 꽃피울 수 있을지 꾸준히 탐색할 수 있도록 이끌어야 한다.

아이들은 세상에 대한 호기심이 왕성하다. 집채만 한 공룡 뼈는 어떻게 발굴하는지, 지구의 내부는 왜 말랑말랑한지 궁금한 점 투성이다. 직업도 마찬가지다. 직접 만지고 놀며 일의 세계를 체험하게 하면 아이들은 훨씬 더 열정적으로 자기 미래를 탐구한다.

유아~초등 저학년을 위한
온몸으로 배우는 역할 놀이

어린이집이나 유치원에 다니는 아이들은 역할 놀이를 통해 직업의 세계를 경험한다. 요리 실습을 하고 소방관 옷도 입어 보며, 자기가 흥미를 느끼는 분야를 조금씩 깨달아 간다. 초등학생들은 교과 학습과 방과 후 프로그램을 통해 관심 영역을 발견한다. 로봇 키트를 조립하고 K-POP 댄스를 추면서 조금씩 꿈을 구체화해 나간다.

PLAY 1 **우리 집은 진로 체험관! 다양한 직업 놀이**

신문을 가지고도 다양한 진로 교육을 할 수 있다. 가장 손쉬운 방법은 역할 놀이를 활용한 직업 체험이다. 먼저 신문에 실린 디자이너, 의사, 소방관 등의 인터뷰를 읽고 직업별로 꼭 갖추어야 할 역량은 무엇인지, 어떤 장단점이 있는지, 일을 하며 어떤 보람을 느낄 수 있는지 확인하자. 그런 다음 집에 있는 소품을 활용해 전문가가 된 것처럼 역할을 수행해 본다.

아나운서가 꿈이라면 신문 기사로 뉴스를 진행하듯 발성 연습을 해 볼 수 있다. 기자가 꿈이라면 게임, 독서, 반려동물 등 관심 있는 분야의 신문을 직접 만들며 꿈을 키울 수 있다. 아이의 꿈이 작가라면 그간 아이가 지은 이야기를 모아 책처럼 만들고, 가족끼리 북토크를 열어 보자. 여행가가 되는 게 소원인 아이는 신문에 실린 여행사 광고를 모아 특별한 여행 상품을 개발해 볼 수 있다.

PLAY 2) 새로운 한자를 배운 날엔 서당 놀이

신문을 읽고 새로운 한자를 배운 날엔 '서당 놀이'를 해 봐도 좋다. 직접 한자를 써 보며 서당의 훈장이 되어 보는 것. 다 읽은 신문과 붓, 먹물만 있으면 준비 끝이다. 신문지를 바닥에 넓게 펼치고 붓에 먹물을 묻혀 한자를 쓱쓱 써 보면 특별한 재미를 느낄 수 있다. 이 방법은 획수가 많고 복잡한 한자를 익힐 때 특히 도움이 된다. 먹물과 붓이 없다면 집에 있는 수채화용 붓과 물감을 사용해도 된다.

아이가 신문 읽기를 힘들어하거나 거부하는 날엔 '당근 정책'을 활용하자. 요즘 유행하는 간식이나 음식 관련 기사를 찾아 읽고 집에서 직접 요리를 해 보는 것. 신문에 나온 간식을 보여 주며 같이 만들어 보자고 하면 아이들의 눈빛이 확 달라진다.

과일에 설탕 시럽을 뿌린 '탕후루'나 마시멜로와 쿠키로 만드는 '스모어'처럼 당대 유행하는 간식들은 관련 기사가 다양한 주제로 쏟아져 나온다. 간식의 유래를 다룬 기사를 읽으면 특정 나라의 식문화를 배울 수 있고, 인기 있는 간식과 가격의 상관관계를 다룬 기사를 읽으면 경제 개념을 익힐 수 있다. 간식 관련 기사만 읽어도 아이들은 다양한 지식과 정보를 습득할 수 있는 셈이다.

기사를 읽고 아이와 마트에서 장을 보는 것 역시 훌륭한 놀이가 된다. 물가 관련 기사를 읽은 날엔 기사 속에 등장한 식자재 값과 동네 마트에서 파는 식자재 가격을 비교해 보자. 가격 차이가 얼마나 나는지, 왜 이런 차이가 발생하는지 부모와 함께 이야기 나누면 그 자체로 의미 있는 경제 교육이 된다. 수요과 공급, 생산과 유통 같은 어려운 어휘들도 시장에서 직접 물건을 사며 익히면 아이들이 더 쉽게 받아들인다. 금융, 투자 관련 경제 기사를 읽은 날엔 은행에서 직접 통장을 만들며 경제 개념을 익혀 보자. 체험학습은 낯설고 어려운 용어를 아이들 머릿속에 깊이 각인시키는 좋은 방법이다.

초등 중학년~고학년을 위한
교과 실력이 쑥쑥 '학습 카드'

성공한 인물의 일대기를 탐독하는 것도 진로 방향을 잡는 데 도움이 된다. 축구선수 손흥민, 동물학자 제인 구달, 해리포터를 쓴 조앤 롤링 등 현대사회를 이끄는 위인들의 이야기는 아이들의 심장을 뛰게 한다.

한 사람의 인생이 담긴 기사는 좋은 문학 작품처럼 아이들에게 큰 감동과 울림을 선사한다. 해외에서 우여곡절 끝에 한식당을 열고 스타 반열에 오른 요리사, 공장 노동자에서 소설가가 된 작가 등 신문엔 동시대를 살아가는 작은 거인들의 이야기가 지속적으로 보도된다. 특히 인물 기사는 도전과 열정, 실패와 좌절 등 이들이 성공에 이르기까지 흘린 피, 땀, 눈물을 집중 조명한다. 부단한 노력으로 성공에 이른 사람들의 이야기는 아이들에게 실패를 딛고 일어설 힘을 불어넣어 준다.

PLAY 1 미래의 나를 위한 진로 가이드북

신문엔 게임 레벨 디자이너(게임 이용자의 능력에 맞게 내용을 구성하고 제작하는 사람), 무인 항공 촬영 기사(소형 카메라가 장착된 헬기를 조종해 촬영하는 사람), 소장품 관리원(수집된 문화재나 예술품을 등록하고 보관·관리하는 사람) 등 아이들의 호기심을 자극하는 이색 직업들이 자주 소개된다. 최근 급부상하는 신생 직업이나 미래 유망 직업들도 계속해서 업데이트된다. 신문은 진로를 탐색하는 학생들에게 매우 유용한 정보원인 셈이다.

초등 고학년 이상 학생이라면 신문으로 '진로 가이드북' 만들기를 해 볼 수 있다. 신문에서 직업 관련 기사를 발견할 때마다 노트에 오려 붙이고, 궁금한 점을 조사해 적어 놓으면 관심 분야와 직업이 차츰 구체화된다.

닮고 싶은 인물들의 기사를 발견할 때마다 책상 앞에 붙여 두고 읽으면 스스로 동기부여를 하며 공부를 이어갈 수 있다. 수능 만점자의 학습 노하우, 성공한 CEO의 자기 관리법 역시 오려 두고 참고하면 올바른 습관을 잡는 데 도움이 된다.

PLAY 2 노동의 신성함을 깨닫는 홈 아르바이트

아이가 고학년이 되면 용돈을 놓고 부모와 실랑이를 벌이기 시작한다. 자녀가 터무니없이 높은 금액을 요구하거나 용돈 때문에 갈등이 잦아진다면 아이와 협의 하에 '홈 아르바이트' 제도를 도입해 보자.

먼저 부모와 자녀가 함께 어떤 집안일을 할지, 노동의 대가로 얼마를 받을지 진지하게 논의하고 계약서를 쓴다. '실내화 빨기 1,000원', '반려동물 밥 주기 500원'처럼 할 일과 수당을 정했다면 종이에 기록해 놓고 눈에 띄는 곳에 붙여 둔다.

책 『세금 내는 아이들』(옥효진 저, 김미연 그림, 한경키즈)처럼 세금과 벌금 개념을 도입해 보는 것도 좋다. 일주일에 한 번, 용돈 중 일부를 세금으로 납부하고 잘못한 일에 대해선 벌금을 내는 것. 세금, 벌금 항목을 결정해 냉장고 위에 붙여 놓고 돈을 모으는 저금통을 따로 마련해 놓으면 의식적으로 더 잘 지키게 된다. 어느 정도 돈이 모이면 협의 하에 외식비나 간식비로 지출한다.

이렇게 용돈을 직접 벌어 쓰게 하면 아이는 돈의 소중함과 함께 매일 힘들게 일하시는 부모님의 노고에 감사하게 된다. 더불어 세금은 왜 내는지, 직업별 소득 차이는 왜 생기는지, 최저임금제는 왜 필요한지 등 노동과 임금에 대한 사회 체계에 관심을 갖기 시작한다.

'NIE 초간단 활동' 핵심 정리

① **평소 틈틈이 흥미로운 신문 기사를 스크랩한다.**

➡ 평소 아이가 좋아하거나 관심 있어 하는 키워드로 뉴스 검색을 하면 관련 기사를 쉽게 찾을 수 있다.

➡ 사진, 그래프 같은 시각 자료와 총천연색으로 인쇄된 광고면은 틈틈이 잘 모아 둔다.

② **가위, 풀, 스카치 테이프, 색연필, 형광펜, 스케치북, 노트, 메모지, 포스트잇 등 놀이에 필요한 준비물은 언제든 쓸 수 있도록 항상 준비해 둔다.**

➡ 상자나 바구니에 한꺼번에 담아 책상 옆에 놓으면 편리하다.

③ **다 쓴 곽티슈는 버리지 말고 자료 보관함으로 이용한다.**

➡ 곽티슈 윗부분을 깔끔하게 잘라 내면 보관함이 뚝딱 만들어진다.

➡ 각 상자에 '고사성어', '경제 용어', '법률 상식' 등 이름표를 붙여 자료를 분류해 놓으면 목적에 맞게 꺼내 쓰기 편하다.

④ **유명 인사의 인터뷰 기사 또는 서평 기사에 실린 명언, 명구는 깨끗하게 오려 '필사 노트'에 붙여 준다.**

➡ 놀이 활동을 할 수 없는 날엔 필사를 한다.

➡ 스티커 등 보상 제도를 활용해 꾸준히 읽고 쓰게 유도한다.

➡ 유아~초등 저학년의 경우 다섯 줄 이하가 적당하다.

➡ 아이가 띄어쓰기를 어려워한다면 줄 노트 대신 원고지나 깍두기 공책을 이용한다.

➡ 보상 제도는 아이와 함께 결정한다.

⑤ 놀이 활동은 향후 글쓰기에 녹일 수 있는 좋은 글감이 되므로 과정이나 결과물을 사진으로 꼭 남겨 두자.

⑥ 어린이신문에서 도움이 될 정보를 찾아보자.

주요 어린이신문 사이트	NIE 참고 자료
· 어린이강원일보(kidkangwon.co.kr)	· 틴매일경제 - 문제풀이 코너
· 어린이동아(kids.donga.com)	· 어린이강원일보 - NIE 코너
· 틴매일경제(teen.mk.co.kr)	· 어린이조선일보 - NIE 논술교실 코너
· 어린이조선일보(kid.chosun.com)	· 소년한국일보 - 학습 코너
· 소년중앙(sojoong.joins.com)	· 한국신문협회(presskorea.or.kr) -
· 아하! 한겨레(ahahan.co.kr)	신문활용교육 코너
· 소년한국일보(kidshankook.kr)	
· 주니어헤럴드(juniorherald.co.kr)	

읽기 실력 키우는
어휘력 쌓기

01 | 쉬운 단어도 다시 보자!
일상 속 숨은 낱말 찾기

읽지 않는 아이들이 늘고 있다. 우리나라만의 문제는 아니다. 미국 역시 아이들의 읽기 능력 저하로 골머리를 앓고 있다. 최근 뉴욕시는 지난 몇 년 사이 아이들의 읽기 능력이 급격히 떨어지자 책 15,000권을 무료로 나눠 줬다. 우리나라 출판시장에도 '문해력'을 키워드로 한 육아서와 학습지가 쏟아져 나오고 있다.

문해력 저하는 불치병이 아니다. 일정 시간 꾸준히 노력하면 오래지 않아 제 학년 수준으로 실력이 향상된다. 그렇다고 방심해서도 안 된다. '글 안 읽는 아이'를 제때 이끌어 주지 않으면 어느 순간 '글 못 읽는 아이'가 되기 때문이다.

읽어도 이해가 되지 않으면 재미를 느끼기 어렵다. 재미가 없으면 아이들은 오래 지속하지 못한다. 문해력 저하로 학습 결손이 생기면 공부에 대한 의욕과 의지도 크게 꺾인다. 실제로 중학교 교실에 가 보면 수업 시간에 엎드려 자는 학생들이 적지 않다. 의지가 없어서라기보다 교과서를 읽어도 내용을 이해할 수 없어서인 경우가 많다.

학생들의 문해력 저하는 대부분 '어휘 공백'에서 비롯된다. 낱말이 모여 문장이 되고 문장이 모여 글이 완성되기 때문에, 모르는 낱말이 많으면 자연히 내용 파악이 어려워진다. 글을 읽을 때마다 단어 뜻을 몰라 멈칫거리면 읽기 흐름이 끊긴다. 맥이 뚝뚝 끊기니 읽어도 머리에 남는 게 없다. 모르는 어휘는 학습의 걸림돌이 되고, 종국엔 공부를 방해하는 결정적 요인이 된다.

반대로 어휘 실력이 탄탄하면 어떤 글을 읽어도 새로운 지식과 정보를 습득할 수 있다. 중간중간 모르는 낱말이 튀어나와도 앞뒤 맥락에 비춰 단어 뜻을 유추해 나갈 수 있다. 글을 읽을 때마다 재미를 느끼고 지식이 쌓이니 계속 읽게 된다.

아이가 글을 읽고도 어떤 내용인지 제대로 파악하지 못하거나, 제 학년 교과서를 이해하기 어려워한다면 문해력을 점검해 볼 필요가 있다. 현재 배우고 있는 교과서를 펼쳐 한두 쪽 정도 소리 내 읽도록 하면 아이의 실력을 확인할 수 있다.

만약 책을 지나치게 떠듬떠듬 읽거나, 한 쪽에 모르는 단어가 10개 이상 나온다면 학습 도구어 같은 기본 어휘부터 꼼꼼하게 다져 줘야 한다. 웰리미 한글 진단 검사(무료)나 ㈜낱말에서 제공하는 검사(유료) 등을 통해 자녀의 어휘력, 문해력을 정확히 검사해 보는 것도 방법이다.

과자봉지부터 마트 전단지까지
일상 속 '모르는 낱말' 찾기

아이들과 함께 단편소설 『표구된 휴지』(이범선·맹주천·박완서 공저, 삼성출판)를 읽은 적이 있다. 작품 덕분에 '표구(그림 또는 글씨가 적힌 종이 테두리에 종이나 천을 발라서 꾸미는 일)'란 단어를 배웠지만 실제로는 본 적이 없었기에 옛날에나 썼던 단어 정도로 이해하고 넘어갔다. 그러던 어느 날 인사동 골목길에서 우연히 '표구사(표구를 전문적으로 하는 가게)'를 발견했다. 아이들은 마치 숨겨져 있던 보물을 찾은 것처럼 신나게 가게 앞으로 달려갔고 전시된 작품들을 보며 표구의 의미를 제대로 깨쳤다. 그날 이후 표구란 단어는 아이들 뇌리에 깊숙이 각인됐다.

이런 일은 일상에서 비일비재하게 일어난다. 누군가는 매일 쓰는 말을 다른 누군가는 존재하는지조차 모른 채 살아간다. 나 역시 직접 써 본 적이 없어 '죽은 언어'로만 생각했던 단어가 다른 이에겐 삶의 수단이란 사실을 깨닫고 새삼 많은 것을 느꼈다. 낱말을 많이 알면 알수록, 우리가 이해할 수 있는 세상의 폭은 더 넓어진다.

건물 앞에 내걸린 간판처럼 우리 일상엔 유용한 읽기 자료들이 널려 있다. 동네 마트에서 온 전단지부터 가정통신문까지, 무심코 지나치는 인쇄물에도 꼭 알아야 할 생활 용어가 가득 담겨 있다. 이제 막 한글을 배우는 아이들에겐 맞춤형 학습지나 다름없다.

> 교환, 환불은 영수증 및 결제카드를 지참하시어 30일 이내에 구매 점포로 방문하시기 바랍니다. 선도 유지가 필요한 상품이나 기획 상품 등 일부 품목은 제외됩니다.

영수증 하단에 적힌 안내 문구다. 모르는 단어를 표시해 보라고 하면 아이들은 부모의 예상보다 더 많은 단어에 밑줄을 긋는다. '상습 결빙 구간', '낙석 주의' 같은 도로 표지판도 마찬가지다. 이처럼 정확한 뜻을 몰라도 묻지 않고 그냥 지나쳐버리기 일쑤다.

모국어를 배우는 아이들에게 부모는 친절한 국어사전이 되어야한다. 모르는 낱말이 아는 낱말로 바뀌는 그 순간, 인식의 지평이 확장되기 때문이다. "나이가 몇 살인데!", "아직 그것도 몰라?" 같은 면박은 금물이다. 몰라서 물었는데 답변 대신 질책과 힐난이 돌아오면 아이는 더 이상 부모에게 질문하지 않는다.

일상에서 아이가 모를 법한 단어를 발견하면 퀴즈를 내듯, 가볍게 물어 보자. 아이가 뜻을 모르면 이해하기 쉬운 낱말로 바꿔 설명해 주면 된다. 반대로 질문한 것에 대해 듬뿍 칭찬해 주면 아이는 성취감을 느껴 더 열심히 단어 뜻을 찾는다.

칭찬은 어려운 단어도 쓰게 한다
'한 줄 쓰기'로 활용법까지 익히기

신문엔 고급 어휘와 정제된 표현이 집약돼 있다. 처음 접한 단어나 표현을 메모해 두고 일상에서 자주 사용하면 낯설던 말도 금세 친숙해진다. 평소 자주 쓰는 말인데 아이가 의미를 잘 모르고 있다면 간략하게 설명하고 넘어간다.

전문 용어나 개념어처럼 뜻을 정확히 알아야 하는 경우엔 사전을 찾아보도록 유도한다. 인터넷 사전을 활용해도 무방하다. 모르는 단어가 나올 때마다 일일이 찾아보게 하면 아이가 어휘 공부를 귀찮아하게 되므로 양 조절이 중요하다.

아이가 낱말 뜻을 물어보면 아이 눈높이에 맞게 쉽게 설명해 주는 게 좋다. 부모도 정확한 뜻을 모른다면 뭉뚱그려 설명하지 말고 사전을 찾아 함께 확인하도록 한다. '국립국어원 표준국어대사전'을 인터넷 즐겨찾기에 등록해 두고 사용하면 매우 편리하다.

기사를 다 읽은 후엔 아이와 함께 대화를 나누며 정리하는 시간을 갖는다. 새로 배운 단어를 문장에 잘 적용하는지, 기사의 핵심을 제대로 파악했는지 이야기를 나누며 확인하는 시간을 갖는 것.

시험 보듯 꼬치꼬치 묻기보다 기사를 읽고 난 뒤 느낀 점이나 배운 점, 어려웠던 점 등을 자유롭게 표현하도록 한다.

아이가 유독 어려워하거나 헷갈린 단어가 있다면 그 단어를 활용해 직접 문장을 지어 보도록 한다. 의외로 문장 쓰기에 애를 먹는 아이들이 많기 때문이다. '선도하다'와 '주도하다'처럼 뜻은 유사하나 미묘한 차이가 있는 경우엔 예문까지 꼼꼼히 만들어 보는 게 바람직하다.

선도하다: 앞장서서 안내하거나 이끌다. = 앞장서서 이끌어 나가다.

예) ○○기업이 세계 반도체 산업(시장)을 선도하고 있다.

우리나라가 ○○ 기술 개발을 선도하고 있다.

주도하다: 주동적인 처지가 되어 이끌다. = 주도적으로 이끌어 나가다.

예) ○○팀이 시종일관 경기를 주도해 나갔다.

우리 반이 축제 분위기를 주도했다.

단어를 문장 속에 넣어 어미를 다양하게 바꿔 보는 연습도 필요하다. '살다'란 단어를 배웠다면 '사는', '살다가', '살면서'처럼 자유자재로 단어를 활용할 수 있어야 한다. 초등 저학년들 중엔 '바닷가에 살는(→사는) 친구', '내가 잘 알는(→아는) 동네'처럼 어미를 바꾸지 않아 실수하는 경우가 종종 있다.

새로 배운 단어를 이용해 문장을 써 보면 더 오래 기억할 수 있을 뿐만 아니라 불필요한 실수도 줄일 수 있다. 부모가 먼저 다양한 활용법을 보여 주면 아이도 금세 따라 배운다.

아이가 새로 배운 어휘를 활용해 말하거나 글을 쓰면 특급 칭찬을 해 주자. "벌써 이런 단어를 쓴다고?", "정말 대견하다!" 부모가 방청객 리액션을 해 주면 아이는 일상 속에서도 부지런히 낱말을 모으고 배운다.

02 | 문해력 키우는 어휘 3대장

어휘력은 학습을 꾸준히 이어갈 수 있게 해 주는 기초 체력과 같다. 여러 분야의 읽기 자료를 읽으며 다양한 어휘를 습득해야 읽기 근력이 튼튼해진다. 친숙하고 재미있는 이야기책부터 생소한 분야가 나오는 신문까지 골고루 읽으며 어휘 스펙트럼을 넓혀 놓아야 어떤 글을 만나도 당황하지 않는다.

어휘력을 쌓는 데 비장한 각오나 거창한 목표는 필요 없다. '일단 한 번 읽어 보자!'라는 마음으로 무엇이든 읽는 습관을 들이는 게 중요하다. 습관이 몸에 배기까지는 최소 두 달 정도의 시간이 필요하다. 아이가 읽기에 대한 긍정적 경험을 쌓고, 읽는 습관을 체득할 수 있도록 초반엔 부모가 적극적으로 도와주어야 한다. 다만 자녀가 초등 고학년 이상이라면 부모의 개입을 부담스러워할 수 있다. 자기주장이 강해지는 시기라 지나치게 강요하면 오히려 불필요한 갈등만 유발된다. 그렇다고 '뭐든 읽기만 하라'는 식도 곤란하다. 아이가 자기 수준에 맞지 않는 쉬운 책이나 학습만화, 혹은 자극적인 웹소설만 탐독할 수 있기 때문이다. '매일 신문 기사 1개 읽기'처럼 적은 양이라도 양질의 콘텐츠를 읽도록 꾸준히 읽도록 정확한 지침을 주는 게 좋다.

아이들이 초등 고학년이 되면 또래 집단과 자기를 둘러싼 사회에 부쩍 관심을 갖기 시작한다. 보고 듣는 것도 많아 콘텐츠에 대한 눈도 높아진다. 쉬우면 시시하다고, 어려우면 재미가 없다고 바로 관심을 돌려 버린다. 아이들이 반색할 딱 맞는 읽기 자료를 구하는 건 하늘의 별 따기 만큼 어렵다.

어떤 책을 권해도 아이가 번번이 퇴짜를 놓는다면 신문에서 '핫이슈'를 다룬 기사를 오려 책상 위에 올려 두자. 세간을 떠들썩하게 뒤흔든 최신 소식은 아이의 눈길을 단박에 사로잡는다. 책과 비교하면 읽기 부담도 현저히 적다. 읽기 싫어하는 아이들도 심리적 저항감이 낮아진다. 이렇게 매일 하나씩, 꾸준히 읽다 보면 '신문이 꽤 괜찮은 매체'란 걸 아이도 오래지 않아 깨닫는다.

자기 생각이 뚜렷한 초등 고학년 이상 자녀와는 '따로 또 같이' 전략이 필요하다. 부모와 아이가 따로 신문을 읽고 저녁을 먹으며 기사를 주제로 대화를 나누는 것이다. 무조건 책 읽기를 강요하기 보다 신문을 대안으로 활용하는 편이 장기적으로 더 큰 도움이 된다.

유의어·반의어로 어휘 확장
글쓰기 실력까지 동시에 잡는다!

아이가 신문과 친해지고 사전 활용에 익숙해졌다면 모르는 단어를 찾을 때 유의어, 반의어를 확인하도록 지도한다. 조금 귀찮더라도 이렇게 공부하면 어휘력이 폭발적으로 성장한다.

　활용할 수 있는 단어가 많아지면 쓰기 실력도 한층 좋아진다. 글에 동어반복만 줄여도 단조롭고 지루한 느낌을 덜 수 있기 때문이다. 예를 들어 도덕 시간에 했던 토론 결과를 글로 작성한다고 해 보자. 계속해서 '찬성했다' 또는 '반대했다'만 반복하면 식상한 글이 된다. 대신 '상반된 의견을 제시했다', '서로 대척점에 섰다', '입을 모았다' 등으로 변화를 주면 내용이 더 풍성하고 격식 있게 보인다.

동어반복이 보이는 글

세계 곳곳에서 초대형 산불이 늘고 있다. 산불이 늘고 있는 것은 전 세계적인 현상이다. 산불은 인명피해, 재산피해는 물론 국토와 산림에 큰 피해를 입힌다. 2019년 9월 시작돼 2020년 2월까지 이어진 호주 산불은 230억달러(약 32조원)에 이르는 경제적 피해를 입혔다. 산불은 동물의 서식지를 태워 생태계를 망가뜨리며 최악의 경우 일부 동물을 멸종위기에 빠뜨린다.

밋밋한 단어를 빼고 유의어를 다양하게 활용한 글

세계 곳곳에서 초대형 산불이 늘고 있다. 산불 빈도 증가는 전 세계적인 현상이다. 산불은 인명피해, 재산피해는 물론 국토와 산림을 파괴한다. 2019년 9월 시작돼 2020년 2월까지 타올랐던 호주 산불은 230억달러(약 32조원)에 이르는 경제적 손실을 남겼다. 산불은 동물의 서식지를 태워 생태계 붕괴를 초래하며 최악의 경우 일부 동물은 멸종위기에 내몰린다.

다의어는 독해력 향상의 열쇠
마인드 맵으로 장기기억에 저장

기사를 통해 새로 익힌 단어가 '다의어'라면 단어에 담긴 여러 가지 뜻을 모두 확인해 보는 게 바람직하다. '가사'라는 낱말은 '노래에 붙여 부르기 위해 쓴 글'이란 뜻도 있지만 '집안일' 또는 '죽은 것처럼 보이는 상태'란 뜻도 있다. 단어가 갖는 뜻을 두루 섭렵하면 맥락을 파악하는 힘이 생겨 독해력 향상에 큰 도움이 된다.

아이가 초등 고학년 이상이라면 단어 뜻을 바로 알려 주기보다 앞뒤 맥락 속에서 단어 뜻을 유추해 보도록 시간을 주는 게 좋다. 모르는 단어가 있어도 문맥 속에서 그 뜻을 추측해낼 수 있다면 어떤 글을 읽어도 제대로 이해할 수 있기 때문이다. 모르는 단어의 뜻을 스스로 떠올려 보고, 사전을 찾아 익히는 과정이 습관이 되도록 아이를 꾸준히 이끌어 주자.

다의어를 익힐 땐 마인드맵을 그리는 게 효과적이다. 노트 한가운데 다의어를 쓰고 유의어, 반의는 물론 단어가 갖는 여러 의미를 구별되게 적어 보는 것. 각각의 뜻에 어울리는 그림을 그려 이미지화하면 더 오래 기억에 남는다. 그 단어에 해당하는 한자나 영단어까지 써 넣으면 한 번에 세 마리 토끼를 잡을 수 있다.

[예문] ○○○ 감독은 영화제 측이 준비한 공로상도 정중히 고사했다.

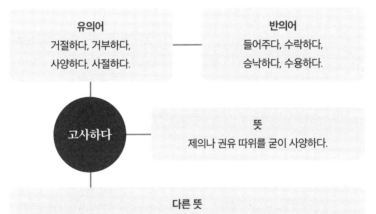

유의어
거절하다, 거부하다,
사양하다, 사절하다.

반의어
들어주다, 수락하다,
승낙하다, 수용하다.

고사하다

뜻
제의나 권유 따위를 굳이 사양하다.

다른 뜻
① 나무나 풀 따위가 말라 죽다.
② 복이 오도록 섬기는 신(神)에게 음식을 차려 놓고 비는 제사를 지내다.
③ 생각하고 헤아려 보다.
④ 앞에 나온 말이 불가능한 내용이라 뒤에 오는 말 역시 기대에 못 미침을 드러낸다.
　　예 도움은 고사하고 방해나 안 됐으면 좋겠다.

| # 신문 읽기 3주면
사자성어를 읊는다

요즘 교육 현장에선 한자를 모르는 학생들 때문에 웃지 못할 일이 벌어진다고 한다. 임시 제목인 '가제(假題)'를 '랍스타(바닷가재)'로 잘못 안다거나 고쳐서 다시 엮는다는 뜻의 '개편(改編)하다'를 '개(진짜) 편하다'로 읽는 일이 비일비재한 것. '입추의 여지가 없다', '고취시키다', '의연하다' 등의 표현은 무슨 뜻인지 갈피조차 못 잡는 경우가 허다하다.

대한민국은 임시정부로부터 헌법과 민주공화국이라는 제도적 유산만이 아니라 국호, 연호(대한민국), 국기(태극기), 국가(애국가), 국경일과 기념일, 정부의 주요 인물들까지 실질적으로 이어받아 세워졌다.

대한민국 임시정부 박물관에 전시돼 있는 안내문의 일부다. 한자어가 빼곡한 이 문장은 언뜻 봐선 쉽게 이해되지 않는다. 반면 낱말을 구성하는 한자를 하나하나 뜯어보면 어렵지 않게 내용을 파악할 수 있다. 이처럼 한자를 잘 알면 글을 읽고 이해하는 데 매우 유리하다.

우리말의 절반 이상은 한자어로 되어 있다. 국어, 수학, 사회, 과학 등 교과서에 등장하는 주요 개념들도 대부분 한자어다. 예를 들어 초등 5학년 과학 교과서에 나오는 '용해'는 '녹을 용(溶)'과 '풀 해(解)' 자가 만나 이뤄진 낱말이다. 말 그대로 '녹거나 녹이는 일'을 뜻한다. 용해의 뜻을 알면 '물의 온도에 따라 소금이 용해되는 양은 어떻게 달라질까?'란 질문을 읽고 쉽게 정답을 떠올릴 수 있다.

수학도 마찬가지다. 초등 3학년부터 '수포자'가 나오기 시작하는데, 가장 큰 원인으로 분수 단원이 꼽힌다. '나눌 분(分)'에 '셈 수(數)'가 결합 된 분수는 '전체에 대한 부분을 나타내는 수'다. 지금까지 자연수만 배워 왔던 아이들에게 전체의 일부를 나타내는 분수는 굉장히 낯선 개념이다. 이 때문에 선생님들은 피자 모형을 열심히 잘라 가며 학생들에게 분수를 가르친다.

초중고 교과서를 살펴보면 한자 뜻 자체가 개념인 경우가 적지 않다. '기약분수', '비례배분' 같은 수학 개념은 물론이고 사회, 과학, 역사, 문학 등 전 교과 영역에 한자어 개념이 두루 포진해 있다. 단어를 구성하는 한자를 정확히 이해하면 개념을 달달 외우지 않아도 자연스레 습득된다. 주요 개념을 제대로 깨치면 교과 학습 역시 한결 수월해진다. 학습에서 한자는 아이들의 이해력과 독해력을 높이는 촉매제인 셈이다.

신문은 한문 선생님
한자 알면 모르는 단어 뜻도 척척

신문은 정확한 사실 전달과 적확한 표현을 위해 한자를 병기한다. 시민들이 조화(弔花·조의를 표하는 데 쓰는 꽃)를 바쳤는지, 조화(造花·인공적으로 만든 꽃)를 바쳤는지 정확한 의미 전달이 어려울 때, 한자를 표기하면 손쉽게 문제가 해결된다.

특히 각 면 표제엔 한자가 자주 쓰인다. 압축적 의미를 담고 있는 한자는 지면 제약이라는 한계를 극복하는 데 훌륭한 도구가 되어 주기 때문이다.

우리나라(韓), 미국(美), 중국(中), 일본(日), 영국(英) 등 각 나라를 의미하는 한자들은 표제에 빈번히 등장하는 단골손님이다. 세계적 이슈인 핵(核)과 전쟁(戰), 여당과 야당을 뜻하는 여(與), 야(野), 돌아가신 분을 뜻하는 고(故)도 지면에서 자주 볼 수 있다. 이 밖에 모자(母子)와 부자(父子), 선(善)과 악(惡), 역사(歷史)와 고전(古典)도 찾아보기 쉬운 한자들이다.

경제면에선 주식(株)과 가격(價)을 의미하는 한자가 자주 나온다. 올림픽 기간엔 매일같이 금(金), 은(銀), 동(銅)이 지면을 장식한다. 예술·문화 면엔 시(詩)와 음악(樂), 그림(畵)과 전시(展)가 자주 한자로 표기된다. 하루 치 신문만 훑어봐도 꽤 많은 양의 한자를 익힐 수 있다.

아이가 한자에 익숙해지도록 실생활에서 자주 활용되는 한자부터 하나씩 알려 주자. 초등 수준에선 한자를 보고 음과 뜻을 알아보는 수준으로만 공부해도 괜찮다.

같은 한자가 쓰인 다른 낱말을 함께 공부하면 자연스레 단어 추론 능력이 길러진다. 예를 들어 '재범(再犯)'의 '재' 자가 '재차, 거듭'의 의미란 걸 배운 아이는 '재도전', '재발급', '재발 방지'의 의미도 쉽게 추리해 낸다. 문해력을 키우는 데 한자 학습이 도움이 되는 이유다.

처음부터 한자를 무조건 쓰고 외우게 하면 역효과가 나기 십상이다. 한자 학습을 꾸준히 이어 나가려면 아주 쉬운 기본 한자들부터 눈에 익히는 방식으로 접근하는 게 좋다. 매일 한두 글자씩 한자를 익히고, 해당 한자가 들어간 낱말을 찾아보는 것만으로도 어휘력이 몰라보게 달라진다.

꾸준히 한자를 공부하면 구사하는 어휘 수준이 남달라진다. 새로운 어휘를 습득하는 속도도 빨라진다. 한자의 기적을 경험하고 나면 아이도 한자 공부에 재미를 붙이고 흥미를 보이기 시작한다.

지루한 한자 공부는 그만
참 쉬운 초간단 한자 놀이

사실 한자 공부도 얼마든지 재미있게 할 수 있다. 먼저 부모와 아이가 각자 다른 색깔의 색연필을 들고 신문 앞에 앉는다. 지면을 한 장씩 넘기며 한자가 보이면 재빨리 동그라미 친다. 마지막 장까지 한자를 찾은 뒤 누가 많이 한자를 찾았는지 확인한다. 동그라미 쳐진 한자를 하나씩 확인할 때마다 부모가 음과 뜻을 알려 주면 아이는 자연스레 한자를 익히게 된다. 부모가 아슬아슬하게 져 주면 아이는 계속 즐겁게 한자 찾기 게임을 한다.

표제에 자주 나오는 한자들은 따로 오려 모아 둔다. 도화지에 한자를 붙이고 뜻과 음은 작게 써서 시력 검사표처럼 만든다. 적당한 거리에 서서 숟가락으로 한쪽 눈을 가린 뒤 시력 검사하듯 한자를 맞히게 하면 아이들은 깔깔대며 재미있게 한자를 배운다.

기사에서 배운 한자가 어떻게 활용되는지 찾아보는 것도 효과적으로 어휘를 확장할 수 있는 방법이다. 예를 들어 '**부자**(父子)'란 한자어를 통해 아버지와 아들을 뜻하는 한자를 배웠다면 '**부**친(父親)' 또는 '손**자**(孫子)'처럼 각각의 한자가 포함된 다른 단어를 찾으며 새로운 어휘를 익힐 수 있다. 또 새로 배운 한자를 연결고리 삼아 '부전자전', '친자확인' 등으로 낱말을 이어 가면 크게 힘들이지 않고 어휘력을 쌓을 수 있다.

처음엔 아이가 보고 배울 수 있도록 부모가 먼저 다양한 예를 들어 주는 게 좋다. 어느 정도 익숙해지면 아이 스스로 한자어를 활용해 보도록 쉬운 한자어를 꾸준히 제시해 주자.

아는 한자 활용해 새로운 한자 익히기

일기예보(日氣豫報)

일(날·日) = 그림**일**기, 생**일** 파티, 월요**일**

기(대기·氣) = 공기청정**기**, **기**후, **기**체

예(미리·豫) = **예**정, **예**측, **예**상

보(알릴·報) = 실험 **보**고서, 재난경**보** 문자

사자성어 필사로
국어 실력 올리기

신문에는 사자성어도 많이 등장한다. 오랜 무명 시절 끝에 빛을 본 인물에겐 '대기만성(大器晚成, 큰 그릇을 만드는 데는 시간이 오래 걸린다는 뜻으로 크게 될 인물은 늦게 이루어짐을 이르는 말)'이, 독보적 실력을 자랑하는 신인에겐 '낭중지추(囊中之錐, 주머니 속의 송곳이라는 뜻으로 재능이 뛰어난 사람은 숨어 있어도 저절로 많은 사람에게 알려진다는 말)'가 수식어로 따라붙는다.

스포츠 경기에서 상대의 실책으로 운 좋게 우승을 거머쥔 경우엔 '어부지리(漁夫之利, 두 사람이 이해관계로 서로 싸우는 사이에 엉뚱한 사람이 애쓰지 않고 이득을 얻는 것을 이르는 말)'가, 재해 및 안전 대책을 논할 땐 '유비무환(有備無患, 미리 준비가 되어 있으면 걱정할 것이 없다는 말)'이 공식처럼 인용된다. 이해집단 간의 치열한 논쟁을 묘사할 땐 '아전인수(我田引水, 자기 논에 물 대기라는 뜻으로, 자기에게만 이롭게 되도록 생각하거나 행동함을 이르는 말)'와 '유언비어(流言蜚語, 아무 근거 없이 널리 퍼진 소문)'가 자주 언급된다.

문학 작품에서도 사자성어를 찾아볼 수 있다. 과유불급(過猶不及), 고진감래(苦盡甘來), 온고지신(溫故知新), 청출어람(靑出於藍) 등은 등장인물 간의 대사 속에 자주 언급된다. 사자성어를 많이 알면 국어 공부가 한결 수월해진다.

자기 생각을 발표하거나 글로 쓸 때도 사자성어를 적재적소에 배치하면 전달하고 싶은 메시지를 효과적으로 강조할 수 있다. 사자성어엔 역사적 유래와 상징적 의미가 담겨 있어 내용을 간결하고 함축적으로 전달할 수 있기 때문이다. 또 사자성어를 잘 활용하면 말과 글이 더 품격 있게 느껴진다.

신문 기사는 사자성어를 어떻게 활용하면 되는지 알려 주는 좋은 본보기다. 사자성어로 특정 상황이나 대상을 묘사한 문장을 따라 써 보면 문장력도 좋아진다.

04 | 입안에 가시가 돋고 귀에 못이 박혔다고?

신문 기사는 대표적인 비문학 글이다. 철저히 사실에 근거해 작성되며 기자 개인의 감정이나 의견은 배제된다(논설, 칼럼 제외). 글 속에 글쓴이의 개성이 드러나지 않으니 기사는 딱딱하고 건조하게 다가온다. 차갑고 쌀쌀맞게 느껴질 수도 있지만 이는 객관성과 신뢰도 확보를 위해 반드시 지켜야 하는 규칙이다.

신문엔 정반대의 경우도 있다. 생생한 현장감이 살아 있는 르포 기사, 한 사람의 경험과 감정이 고스란히 녹아 있는 인터뷰 기사, 아름다운 여행지를 소개하는 특별판 기사는 때론 소설처럼 때론 영화처럼 흥미진진한 볼거리와 이야기를 제공한다. 극적인 전개를 위해 아예 이야기 구조로 기사를 쓰는 경우도 있다. 인간의 본능적 호기심을 자극하거나 뭉클한 감동을 주는 기사는 신문을 계속 읽게 하는 긍정적 동기가 되어 준다.

이런 기사엔 관용적 표현을 비롯해 다채로운 수사법이 동원된다. 언론사를 대변하는 사설과 개인의 솔직한 감정이 담겨 있는 칼럼도 마찬가지다. 개인의 의견과 생각을 드러내기 위해 작성된 만큼 비유나 인용, 반어나 역설 같은 수사법들이 다양하게 구사된다. 글쓰기의 달인들이 효과적으로 정보와 의견을 전달하기 위해 어떤 방법을 썼는지 눈여겨보면 자연스레 문장력과 표현력을 배울 수 있다.

배꼽 빠지게 웃기고
오싹하게 무서운 관용 표현

초등 1, 2학년 국어 교과서엔 받침이 까다롭거나 발음이 비슷해 헷갈리는 단어들이 총집합해 있다. '비지땀', '숙맥'처럼 속뜻을 모르면 문맥을 이해할 수 없는 관용 표현들도 이때 배운다.

'손이 큰 우리 할머니는 발도 넓다'란 문장을 글자 그대로 해석하면 어떻게 될까. 인심 좋고 인맥도 넓은 우리 할머니가 졸지에 손과 발이 어마어마하게 큰 할머니로 둔갑하고 만다. "하루라도 책을 읽지 않으면 입안에 가시가 돋친다."라는 안중근 의사의 말씀도 속뜻을 모르는 아이들에겐 무시무시한 형벌처럼 들릴 것이다.

글을 읽고도 엉뚱하게 답하는 참사를 막으려면 새로운 관용 표현을 배울 때마다 따로 적어 두고 확실히 내 것으로 만들어야 한다. 귀찮다고 그냥 넘기다 보면 책을 읽다 고개를 갸우뚱하는 일이 늘어나게 된다. 반대로 말을 하거나 글을 쓸 때 관용 표현을 적재적소에 잘 활용하면 자기 생각을 좀 더 맛깔나게 표현할 수 있다. 문해력이 향상되는 건 두말할 필요가 없다.

교과서뿐만 아니라 신문 기사에도 말맛을 살리는 관용 표현이 다수 포함돼 있다. 올림픽을 앞둔 국가대표팀이 굵은 땀방울을 흘리며 훈련 중일 땐 '담금질에 한창이다'란 말로 선수들의 노력을 묘사한다. 서로 대립하는 이해 단체가 상대측의 말이나 행동을 물고 늘어질 땐 '꼬투리를 잡다'란 말로 상황을 설명한다.

'꼬리가 길다', '어깨가 올라가다', '입을 맞추다'처럼 아이들의 이목을 끄는 재미있는 관용 표현도 많다. 배꼽 빠지게 웃긴 표현들도 적지 않다. '번데기 앞에서 주름잡다(자기보다 뛰어난 사람 앞에서 잘난 체하다)', '똥줄이 타다(몹시 마음을 졸이다)', '눈이 빠지다(집중해서 자세히 들여다보다)' 등은 일상생활에서 아이들도 자주 쓸 수 있는 표현들이다. '큰코다치다(크게 봉변을 당하거나 무안을 당하다)', '언 발에 오줌 누기(임시방편으로 일을 처리하다 상황이 더 악화되다)'도 마찬가지. 언어유희가 살아 있는 표현들을 알려 주면 아이들도 눈을 반짝이며 배운다.

공포소설에서나 볼 법한 무시무시한 표현들은 오히려 '취향저격'이다. '뼈를 깎다(견디기 어려울 정도로 고통스럽거나 매우 노력한다는 뜻)', '입이 찢어지다(기쁘거나 즐거워 입이 크게 벌어지다)', '간이 떨어지다(몹시 놀라다)', '귀에 못이 박히다(같은 소리를 여러 번 반복해 듣다)' 같은 표현들은 한 번 가르쳐주면 절대 안 잊어버린다.

신문 기사를 읽다 관용 표현을 발견하면 포스트잇 등에 적어 눈에 띄는 곳에 붙여 두자. 그리고 아이가 글을 쓰거나 대화를 할 때 새로 배운 표현을 활용할 수 있도록 유도하자. 관용 표현만 잘 활용해도 밋밋했던 글이 생기 있어진다.

풍자와 해학이 담긴 속담
창의적이고 유머러스한 글 재료

초등 5, 6학년 국어 시간엔 함축적 의미가 담긴 속담을 집중적으로 배운다. 속담엔 비유와 상징이 가득하다. 대부분 특정 상황이나 사람에 대한 풍자가 녹아 있어 촌철살인의 묘미가 돋보인다. 지혜와 감동이 담긴 속담도 있다. 속담 공부는 우리말 공부인 동시에 세상의 이치와 관계의 불문율을 깨치는 과정이기도 하다.

교과서에서 배운 내용이 실제 어떻게 활용되는지 궁금하다면 신문을 펼치면 된다. 오랜 노력 끝에 꿈을 이룬 기업가에겐 '지성이면 감천'이란 속담이 공식처럼 쓰인다. 실력이 뛰어난 사람이 실수를 했을 땐 '원숭이도 나무에서 떨어진다'는 속담이 따라붙는다. 끈기와 인내, 꾸준한 노력을 요구하는 대목에선 '천 리 길도 한 걸음부터'가, 도전 정신을 강조할 때 '시작이 반이다'가 강조의 의미로 쓰인다.

출산율 저하를 막을 대안으로 새로운 육아 대책이 나올 때면 '아이를 키우는 데는 온 마을이 필요하다'는 아프리카 속담이 빠지지 않고 등장한다. '빨리 가려면 혼자 가고 멀리 가려면 같이 가라'는 속담 역시 동반성장의 가치를 부각시킬 때 자주 인용된다.

속담을 인용하면 짧지만 강렬하게 핵심을 전달할 수 있어 유용하다. 글의 도입부에 쓰면 주목도를 높일 수 있고, 결론에 활용하면 전체 내용을 압축적으로 정리할 수 있다. 기사를 읽다 속담을 발견하면 틈틈이 적어 두고 자유자재로 활용할 수 있도록 평소 자주 사용해 보자.

매력 만점 신통방통한 우리말은 '쓰기'
알쏭달쏭 헷갈리는 우리말은 '암기'

순우리말인 고유어 중엔 듣기에 아름답고 글로 쓰면 매력적인 단어들이 적지 않다. 햇빛이나 달빛에 비쳐 반짝이는 잔물결이란 뜻을 가진 '윤슬', 변함없다는 의미의 '한결', 아름다움을 뜻하는 '라움'

은 소리도, 뜻도 좋아 아이 이름이나 기관명으로 자주 쓰인다.

글의 재미와 깊이를 더해 주는 서술적 표현도 많다. '웅숭깊다 (생각이나 뜻이 크고 넓다)', '달보드레하다(약간 달콤하다)', '곰살갑다(성질이 보기보다 상냥하고 부드럽다)', '주억거리다(고개를 앞뒤로 천천히 끄덕거리다)' 등은 쓰는 사람의 내공을 여실히 보여 준다. '걱실걱실', '몽글몽글', '소록소록', '알근달근' 같은 의태어는 글에 생동감을 더해 주는 천연 조미료 역할을 한다.

통통 튀고 매력적인 우리말을 활용해 시를 쓰면 문학적 향기가 물씬 풍기는 작품이 완성된다. 문장을 마무리하는 서술어를 다채롭게 바꿔 쓰면 쓰기 실력이 비약적으로 발전한다.

이처럼 우리말을 자유자재로 구사하면 얻을 수 있는 장점이 적지 않다. 이런 이유로 어린이신문엔 고유어를 소개하고 뜻을 풀어 주는 기사가 자주 실린다. 우리말을 배우는 어린 독자들에게 한글 학습의 중요성을 일깨우고 교육하기 위함이다(초등 국어 교과서에도 우리말을 배우는 단원이 포함돼 있다.).

처음 어휘를 배울 때 제대로 숙지하지 않으면 성인이 돼서도 읽고 쓸 때 고생하게 된다. 신문에서 우리말에 대한 기사를 발견할 때마다 스크랩해 두면 그 자체로 훌륭한 국어 학습지가 된다. 스크랩북을 문제집 보듯 꾸준히 공부하면 어휘 확장은 물론 용법까지 정확히 익힐 수 있다. 단, 알쏭달쏭 헷갈리는 우리말은 암기할 필요가 있다. 숫자, 시간, 물건을 세는 우리말 중엔 제대로 모르면 틀릴 수밖에 없는 표현이 많기 때문이다.

할머니 '회갑연'에 참석했는지 '칠순 잔치'에 다녀왔는지 기회가 있을 때마다 아이들에게 정확히 알려 줘야 한다. 배운 단어는 직접 말하고 쓰면서 확실히 외우도록 해야 훗날 터무니없는 실수를 하지 않는다. 마늘을 세는 '접', 고등어를 세는 '손'처럼 물건을 세는 단위도 평소 사용할 일이 거의 없는 아이들에겐 낯선 어휘다. 오징어 한 '축'이 모두 몇 마리인지, '되로 주고 말로 받는' 게 왜 손해인지도 어른이 가르쳐 주지 않으면 아이들은 알 길이 없다. 날짜를 세는 방법도 마찬가지다. "우리가 주문한 제품이 모레 올까? 글피에 올까?" 식으로 자주 말해 줘야 아이들이 쉽게 익힐 수 있다.

신문 기사엔 일상에서 거의 쓰이지 않는 고유어가 자주 활용된다. 기사를 읽다 순우리말을 발견하면 부모가 먼저 친절하게 설명하고 가르쳐 주자. 단어 뜻을 찾아 익힌 뒤 퀴즈를 내거나 새로 배운 어휘에 대한 일기를 쓰며 기록으로 남기게 하면 어휘력이 남다른 아이로 거듭나게 된다.

변죽을 울리다
① 직접 말하기 조심스러워서 간접적으로 알게 하다.
② 핵심을 찌르지 못하고 곁가지만 건드리다.

'변죽을 울리다'처럼 속뜻을 모르면 문장을 읽고도 이해하지 못하거나 엉뚱하게 해석하는 오류를 범하기 쉽다. 반면 이런 표현을 적재적소에 잘 활용하면 말맛, 글맛이 살아난다. 신문을 읽다 실수하기 쉬운 표현을 발견하면 정리해 두고 자주 들여다보자. 관심을 기울일수록 문해력, 표현력이 좋아진다. 대표적인 '속뜻 표현'을 부록에 따로 모았다. 오려서 눈에 띄는 곳에 붙여 두고 일상에서 활용해 보자.

05 | 갑툭튀 외계어,
네 정체를 밝혀라!

아이들과 대화를 나누다가 어리둥절할 때가 종종 있다. 듣고도 이해가 되지 않는 단어들이 불쑥불쑥 튀어나오기 때문이다. 아이들은 갑툭튀('갑자기 툭하고 튀어나옴'의 줄임말), '뇌절(똑같은 말이나 행동을 반복해 상대를 질리게 하는 것을 부정적으로 지칭하는 신조어)', '소식좌(적게 먹는 사람을 일컫는 말)' 등의 신조어를 비롯해 '갑분싸(갑자기 분위기 싸해짐)', '최애(최고로 좋아하는 사람)' 같은 줄임말을 자주 쓴다. '노답(답이 없다는 뜻), '핵노잼(재미가 없다는 뜻)', '딥빡(매우 짜증난다는 뜻)'처럼 외국어와 우리말을 반씩 섞어 만든 신조어도 적지 않다.

신조어나 줄임말은 재미있고 편리하다는 장점이 있다. 또래끼리 적절한 상황에서 사용하면 유대감과 친밀감도 높아진다. 하지만 최근 아이들이 사용하는 신조어 중엔 부정적 의미가 담긴 말들이 적지 않다. 인기 예능 프로그램 등을 통해 퍼진 상대방을 비하하거나 조롱하는 말이나 지나치게 선정적이거나 폭력적인 영화 대사 등이 그렇다.

이런 말들을 상황과 맥락에 맞지 않게 사용하면 상대방의 기분을 상하게 하거나 불필요한 오해를 불러일으킬 수 있다. 더 큰 문제는 이런 부적절한 언어 사용이 습관으로 굳어진다는 데 있다. 유행이라는 이유로 신조어와 줄임말을 따라 쓰다 보면 올바른 표준어 대신 엉뚱한 낱말을 남발하게 될 수 있다. 맞춤법 학습 역시 제대로 될 리 만무하다. 아이가 평소 신조어와 줄임말을 무분별하게 쓰고 있다면 그 의미와 쓰임을 정확히 알고 사용할 수 있도록 지도해야 한다.

사회현상 담은 신조어 분석
부정적 표현은 긍정적으로 바꿔 쓰기

신조어는 새로운 사회현상이나 유행에서 비롯되는 경우가 많다. 기존과 확연히 다른 상황을 설명해 줄 대체어가 필요하기 때문이다. 이렇게 하나의 신조어가 탄생하면 신문엔 신조어의 등장 배경과 원인을 사회문화적 관점에서 톺아보는 분석 기사가 재빠르게 실린다.

화폐가치가 떨어지고 물가가 계속 오르는 인플레이션이 지속되면 '런치플레이션(점심 값 부담이 늘어난 현상)', '누들플레이션(원재료인 밀값 상승으로 각종 면 요리 가격이 오른 현상)', '슈링크플레이션(가격은 유지하면서 제품 크기나 수량을 줄이는 기업의 전략)'처럼 인플레이션 관련 신조어가 쏟아져 나온다.

3년여간 지속된 코로나19는 '마기꾼(마스크와 사기꾼의 합성어로 마스크를 썼을 때가 벗었을 때보다 더 멋지고 예쁘다는 뜻)'이란 신조어를 탄생시켰다. '코로나 블루' 역시 장기간 이어진 감염병으로 사회적 거리두기가 실시되면서 사람들이 겪는 일상의 우울증을 표현하기 위해 만들어졌다.

'인스타그램에 올릴 수 있을 만큼 멋진'이란 뜻의 '인스타그래머블Instagramable'도 최근 자주 언급된다. 사회관계망서비스SNS에 자기 일상을 공유하고 자랑하는 요즘 세대의 문화가 반영된 말이다. 기업들은 이런 젊은 세대의 특징에 착안해 전략적으로 매장을 화려하게 꾸미거나 제품 홍보 행사에 포토존을 설치하는 경우가 많다.

이처럼 신조어를 분석한 기사를 읽으면 사회 변화와 흐름을 읽을 수 있다. 신조어를 발견할 때마다 분석 기사 쓰듯, 낱말에 담긴 의미와 사회적 맥락을 따져 보는 연습을 하면 하나의 현상을 다각도로 깊이 있게 생각하는 훈련을 할 수 있게 된다.

예를 들어 신문에서 1980~1990년대 생을 지칭하는 'MZ 세대'란 신조어를 발견했다면 각각의 세대를 지칭하는 말들을 함께 찾아보자. 6.25 전쟁 후 출생률이 급격히 증가한 '베이비붐 세대'부터 2010년 이후 태어난 '알파 세대'까지, 각 세대를 지칭하는 이름과 시대상을 연결해 보면 우리 역사는 물론 사회, 문화의 변천 과정을 쉽게 이해할 수 있다.

아이들이 자주 쓰는 신조어 중엔 특정 대상에 대한 혐오를 내포하거나 상대를 노골적으로 조롱하는 표현도 적지 않다. '맵찔이', '잼민이', '진지충' 같은 말이 대표적인 예다. 아이가 일상에서 이런 신조어들을 무분별하게 사용하고 있다면 관련 기사를 검색해 함께 읽어 보자. 폄하의 의미가 담긴 말로 친구를 지칭하는 것은 상대를 비하하는 행동임을 알려주는 게 핵심. 나쁜 의미의 신조어를 무분별하게 사용할 경우 어떤 문제가 일어날 수 있는지 생각해 보고 스스로 바꿔 나갈 수 있도록 지도하는 게 바람직하다.

아이와 함께 신조어를 만들어 보는 것도 재미있는 활동 중 하나다. 어감이 좋지 않거나 뜻이 부정적인 신조어를 유쾌하고 긍정적인 표현으로 바꿔 보는 것도 유의미하다.

더불어 아이들이 줄임말을 쓸 땐 각별히 유의하도록 지도한다. 줄임말 중엔 맞춤법에 어긋나거나 문법 규칙을 무시한 경우가 적지 않다. 이런 줄임말을 자주 쓰면 우리말 규칙을 정확하게 익힐 기회를 놓칠 수 있다. 평가에 반영되는 글을 쓸 때 습관적으로 줄임말을 쓰면 기본 소양이 부족하다는 오해를 살 수 있으므로 주의한다.

소통의 기본은 이해
우리말 순화 대작전

'언어는 사고의 집'이란 말이 있다. 언어는 그 사람의 의식 수준을 반영하기 때문이다. 언어는 사람의 성격과 인품을 고스란히 드러내기도 한다. 쓰는 언어를 보면 그 사람의 됨됨이를 가늠할 수 있다. 사회와 자신에 관한 이해의 폭을 넓히고, 타인과 소통하며 즐겁게 살아가기 위해선 무엇보다 바르고 적절한 언어 구사 능력을 갖춰야 한다.

소통의 기본은 이해다. 다른 사람과 무리 없이 대화를 나누고 의견을 주고받으려면 상대방이 이해할 수 있도록 쉽고 간결하게 내 생각과 감정을 전달할 수 있어야 한다. 아이가 또래도 모르는 신조어나 줄임말을 남발한다면 누구나 다 이해할 수 있는 말을 사용하도록 지도하는 게 바람직하다.

유튜브 게임 방송이나 숏폼 콘텐츠 자막에 나오는 표현을 일상에서 아무렇지 않게 사용하는 아이들도 적지 않다. 또래 문화를 고려하더라도 비속어를 연상시키는 거친 표현은 사용하지 않도록 바로잡아 줄 필요가 있다.

외래어도 마찬가지다. 신문 기사엔 '노미네이트', '세그먼트', '클러스터' 등 별다른 뜻 표기 없이 단어만 쓰인 경우가 적지 않다. 아이와 기사를 읽으며 뜻을 알 수 없는 외래어가 글에 많이 포함됐을 경우 어떤 문제가 일어날지 의견을 나눠 보자. 옛날 한자를 읽지 못해 억울한 일을 당했던 백성들처럼, 현대에도 지식 격차로 인해 여러 사회문제가 발생하고 있다. 이 점을 인지시키면 타인을 배려하는 언어생활의 중요성을 아이들도 깨닫게 된다.

이를 계기 삼아 어려운 한자어나 외래어를 어떻게 순화할 수 있는지 인터넷으로 조사해 보면 언어의 경계를 오가는 특별한 경험을 할 수 있다. 국립국어원 누리집에 올라와 있는 '다듬은 말' 목록이나 (사)국어문화원연합회 누리집의 쉬운 우리말 사전을 활용하면 쉽게 순화 표현을 찾을 수 있다.

'외래어(또는 신조어)를 순화해서 써야 한다'는 주제로 가족끼리 찬반 토론을 해 볼 수도 있다. 찬성 측은 "우리말 파괴를 방지하고 말뜻을 이해하지 못하는 사람들이 정보에서 소외되는 일을 막기 위해 순화 표현을 써야 한다."고 주장할 수 있다.

반면, 반대 측은 "외래어나 신조어엔 그 시대의 특수성이나 사회적인 의미가 담겨 있으므로 무조건 우리말로 순화하는 것은 바람직하지 않다."는 반론을 펼칠 수 있다. '부정적 의미의 신조어 사용을 어떻게 하면 줄일 수 있을까?'란 내용으로 함께 토의해 보는 것도 방법이다.

이런 다양한 활동을 평소 꾸준히 진행하면 아이들은 평소 아무 생각 없이 쓰던 '말'이 얼마나 큰 영향력을 갖는지 진지하게 생각해 보는 기회를 얻을 수 있다. 나아가 자신의 잘못된 언어 습관이나 태도를 바꾸는 계기로 삼을 수도 있다. 아이의 말이 점점 거칠어진다고 느낀다면『아드님, 진지 드세요』(강민경 저, 이영림 그림, 좋은책어린이),『만복이네 떡집』(김리리 저, 이승현 그림, 비룡소),『욕 좀 하는 이유나』(류재향 저, 이덕화 그림, 위즈덤하우스),『개 사용 금지법』(신채연 저, 김미연 그림, 잇츠북어린이)'처럼 고운 말의 중요성을 깨달을 수 있는 책을 함께 읽어 봐도 좋다.

06 | 아는 만큼 보인다?
'단어'를 아는 만큼만 보인다!

대형마트나 놀이동산에 가면 바닥에 드러누워 우는 아이들을 종종 보게 된다. 그 아이가 유난히 고집이 세거나 공공예절을 몰라서 그런 행동을 한다고 생각하지 않는다. 원하는 것을 정확히 표현하지 못해서, 부모와 소통이 되지 않아서 억울하고 섭섭한 마음에 눈물을 터트렸을 것이다.

표현에 서툴거나 어휘력이 달리는 아이들은 일상생활에서도 매우 제한적인 단어를 사용한다. 기분이 좋을 때나 나쁠 때나, 오랜만에 떠난 여행이 기대 이상일 때나 기대 이하일 때나 아이는 "헐!"이란 한 마디로 상황을 정리한다. 좋은 선물을 받았을 때도, 예상보다 성적이 잘 나왔을 때도 "대박!"이 최선의 표현이다. 화가 난건지 창피한 건지, 깜짝 놀란 건지 당황스러운 건지 자기감정을 정확히 구분해 표현하지 못한다. 말을 시작했다가 제대로 끝맺지 않고 얼버무리거나, 어떤 질문에도 "몰라!" 혹은 "그냥!"이라고 답하는 경우가 많다.

자기 생각과 감정을 단순한 말로 뭉뚱그리면 점점 더 자기 의사를 제대로 전달하기 어려워진다. 생각하는 힘이 자라지 않기 때문이다. 대충 생각하고 말하는 태도가 굳어지면 어휘력도 크게 향상되지 않는다. 빈약한 어휘로는 자기주장을 조리 있게 펼치기 힘들다. 다른 사람에게 무언가를 설명할 때도 간단명료하게 전달하지 못한다.

'아는 만큼 보인다'는 말이 있다. 안다는 건 이해한다는 뜻이다. 어떤 대상이나 현상, 주제를 제대로 이해하려면 그것을 표현하고 구성하는 단어와 의미를 정확히 알아야 한다. 그림책『감정에 이름을 붙여 봐』(이라일라 저, 박현주 그림, 파스텔하우스)엔 마음을 표현할 때 쓸 수 있는 45개 단어가 나온다. 기쁨이나 희망 같은 긍정적인 감정도, 우울이나 긴장 같은 부정적인 감정도 정확하게 '이름'을 붙였을 때 실체를 온전히 파악할 수 있다. 실체를 알고 나면 문제를 해결할 돌파구도 보인다.

나이를 먹어도, 학년이 높아져도 계속 쓰던 단어만 사용하면 이해의 폭은 점차 줄어들 수밖에 없다. 반대로 폭넓은 독서와 배움으로 어휘량을 꾸준히 축적해 나가면 사고의 범위와 깊이도 점차 확장된다. 자라나는 아이들이 부단히 읽고 써야 하는 이유는 비단 높은 등급의 내신을 받고 좋은 대학에 가기 위해서만이 아니다. 자기 생각이나 느낌을 제대로 표현하고 주변 사람들과 원활히 소통하는 것이 사회생활의 기본이자 성장에 필요한 핵심 역량이기 때문이다.

쏙쏙 들리는 말, 술술 읽히는 글
일맥상통하는 핵심 비결은 '문장 수집'

글 잘 쓰는 사람들은 힘들이지 않고도 좋은 문장을 만들어 낸다. 간결하고 담백한 문체로 독자를 편안하게 이끈다. 몰입이 잘되는 글엔 불필요한 미사여구나 부연 설명이 없다. 사족이 많은 글은 독자를 피로하게 만들기 때문이다. 동어반복도 피한다. 쉽게 지루해져서다. 유명 강사나 진행자 역시 같은 방법으로 능숙하게 이야기를 전달한다.

글과 말은 서로 통한다. 아이의 말하기, 쓰기 실력이 고민이라면 무엇보다 '어휘력'과 '표현력'을 기르는 데 관심을 가져야 한다. 글쓰기가 직업인 사람들의 글은 훌륭한 참고 자료가 된다. 탄탄한 논리, 정확한 용어, 세련된 표현까지 삼박자를 고루 갖추고 있기 때문이다.

신문엔 글쓰기 달인들이 모두 모여 있다. 기자는 물론 교수, 작가, 평론가까지 보고 배울 수 있는 모범 답안이 가득하다. 아이와 함께 꾸준히 완성도 높은 글을 찾아 읽고, 감탄을 자아내는 문장을 꾸준히 수집하자. 말을 하거나 글을 쓸 때마다 본받고 싶은 명문장을 모방하면 어휘력과 문장력이 눈에 띄게 향상된다. 고수의 필살기를 고스란히 흡수하는 것과 같은 이치다.

신문에 실린 글들은 주제, 소재, 문체까지 모두 각양각색이다. 여러 분야의 글을 두루 읽으면 특정 분야에서 자주 쓰는 전문 용어를 배울 수 있고, 그 과정을 통해 새로운 개념과 상식을 쌓을 수 있다.

서로 결이 다른 글을 고루 접하면 행간에서 느껴지는 감동, 낱말 사이의 미세한 어감의 차이를 체득하게 된다. '대중이 윤동주 시인을 기억하고 사랑하는 이유는'과 '우리가 윤동주 시인을 그리워하고 추앙하는 까닭은'은 독자에게 다른 감동을 선사한다.

신문은 문장 수집을 하기 좋은 매체다. 아이들의 관심사나 눈높이에 맞는 소식이 다양하게 실려 있어 안 읽던 아이도 호기심이 동하게 만든다. 지식과 정보로 꽉 찬 문장이 흥미롭게 착착 전개되니 일단 읽기 시작하면 몰입해서 읽게 된다. 품절 대란이 난 과자나 빵, 인기 장난감, 유명 연예인의 근황 기사는 식탁 위에 올려 놓기만 해도 알아서 읽는다.

고학년 이상이 되면 학교 폭력이나 사이버 불링, 세월호 참사 등을 다룬 사회면 기사도 진지하게 읽는다. 교과 연계도가 높은 기후 위기, 첨단 과학 기술, 우주산업, 국제 이슈도 눈여겨보기 시작한다.

기사가 짧든, 길든 매일 기사를 읽으며 한 문장씩만 수집해도 부족한 어휘력과 문장력을 키울 수 있다.

읽기에 익숙지 않거나 책 읽기를 싫어하는 아이에게 손바닥만한 기사를 스크랩해 건네주자. 영화 보기가 취미인 아이에겐 새로운 영화 개봉 소식을, 유튜브로 먹방을 즐겨 보는 아이에겐 맛집 소개 기사를 오려 주면 된다.

기사 역시 하나의 완결된 이야기다. 몇백 자짜리 단신이라도 그속엔 논리와 정보가 가득하다. '매일 10분, 기사 한 꼭지 읽기'를 목표로 세우면 꾸준히 새로운 어휘와 표현을 축적해 나갈 수 있다.

신문 필사 노트를 만들어 꾸준히 쓰면 필력을 키우는 데 큰 도움이 된다. 스크랩한 기사를 노트에 붙인 다음 원하는 문장을 '그대로 따라 쓰는 건' 초등 저학년도 부담 없이 해낸다.

초등 고학년은 기사 속 문장을 활용해 자기 생각을 써 보도록 유도하자. 특정 상황이나 행동을 나타내는 적확한 단어, 의미를 풍부하게 채워 주는 비유적 표현을 배울 수 있어 글솜씨가 남달라진다. 필사 노트로 초등 저학년은 알림장 노트를, 고학년은 독서기록장 노트를 활용하면 편리하다.

쓰기, 말하기 기술 업그레이드
문장은 쉽고 짧게, 표현은 다채롭게!

기자는 독자에게 새로운 정보를 제공하는 사람이다. 사실을 왜곡하지 않고 객관적으로 전달하기 위해 뚜렷하고 분명하게 언어를 구사한다. 무엇보다 '읽히는 글'을 쓰기 위해 쉽고 구체적으로 기사를 쓴다. 아무리 중요한 정보가 들어 있어도 해독 불가능한 암호처럼 기사를 쓰면 '버려지는 글'이 되기 때문이다.

잘 읽히는 글은 내용이 확실하고 명료하다. 문장이 짧고 쉽다. 문법적 오류가 없다. 묘사가 생생하고 표현이 다채롭다. 마지막으로 예시, 인용, 비교 등 내용을 가장 잘 전달할 수 있는 수사법을 적용해 효과적으로 글을 전개한다.

술술 잘 읽히는 글엔 일종의 리듬이 있다. 비슷한 길이의 문장이 반복되거나 특정 표현이 대구를 이룬다. 또 의성어나 의태어가 적절히 포함된 경우 글에서 통통 튀는 운율이 느껴진다. 글이 단조롭게 느껴지지 않도록 같은 의미의 다른 표현을 쓰기도 한다.

예를 들어 수능 만점자의 인터뷰 기사를 작성한다면 그저 '공부를 열심히 했다'고 쓰지 않는다. '수업 시간마다 눈에 불을 켜고 집중했다', '손에서 교과서를 놓지 않았다', '이해가 될 때까지 쓰고 또 썼다', '풀리지 않는 문제들과 매일 씨름했다' 등 구체적 사실을 가미해 다르게 표현한다.

아이의 쓰기, 말하기 기술을 한 단계 더 성창시키고 싶다면 기자들이 활용하는 기사 작성 요령을 참고하자. 한 문장을 쓰더라도 오류 없이 쓰는 노력, 한 문장에 한 가지 내용만 담아 짧게 정리하는 연습, 유의어를 활용해 표현을 다채롭게 바꿔 보려는 시도. 이 세가지만 꾸준히 해도 글의 가독성이 훨씬 높아진다.

일기를 예로 들어 보자. 아이가 준비했던 발표를 잘하지 못해 무척 속상해했던 날이었다. 아이의 글은 '발표 순서가 바뀌어서 준비한 대로 하지 못했다. 화가 난다. 속상하다'는 내용이 전부였다. 이 글을 몇 달, 혹은 몇 년 뒤 다시 읽는다면 어떨까? 그날 무슨 일이 있었는지 무척 궁금해질 것이다.

일기도 기사처럼 육하원칙에 맞춰 쓰면 핵심을 빠뜨리지 않고 명확하게 내용을 정리할 수 있다. 언제 누구와 어디서 무슨 일이 있었는지, 왜 그런 일이 벌어졌는지, 그때 기분은 어땠는지 순서대로 구체적으로 서술하면 각각 하나의 문단이 완성된다. 이 문단들을 하나로 연결하면 짜임새 있게 한 편의 글이 만들어진다. 일기를 다시 한 번 읽으며 불필요한 단어나 중복된 내용을 지우면 글의 완성도가 더 높아진다.

문법적 오류가 없는지 확인하는 습관도 글의 완성도를 높일 수 있는 방법이다. 특히 아이들은 주술 관계를 잘못 쓰는 경우가 많으므로 주의해서 쓰도록 지도하는 게 좋다. 기사를 읽을 때 주어와 서술어에 동그라미를 치며 읽게 하면 실수를 줄이는 데 도움이 된다.

아이들이 쓴 글을 보면 꾸며 주는 말과 서술어의 호응을 지키지 않는 경우도 다반사다. '비록~ 지만(~하더라도)', '모름지기 ~여야 한다', '결코~하지 않다' 등의 호응 관계를 엉뚱하게 문장에 적용하는 경우가 비일비재한 것. 아이가 '오늘은 결코 영어 숙제를 끝내겠다'는 식의 실수를 한다면 호응 관계가 들어간 예시 문장을 여러 개 찾아 읽어 보게 한다. 기사를 읽을 때도 호응 관계가 들어간 문장에 밑줄을 치며 읽게 하면 점차 실력이 나아진다.

바쁜 부모님을 위한 국어 독해 지도법

2019학년도 수능부터 국어가 어렵게 출제되면서 '불국어'란 신조어가 생겼다. 영어가 절대평가 방식으로 바뀐 데다, 수학에서 '킬러 문항'이라 불리는 초고난도 문제까지 사라져 국어의 중요성이 한층 더 크게 부각되고 있다. 극상위권을 가르는 결정적 변수는 '국어'가 될 것이라는 전망이 확산되면서, 국어에 쏠리는 무게감이 이전과는 크게 달라졌다.

국어 문제 풀이의 핵심은 독해력이다. 글을 읽을 때마다 **문단별로 내용을 요약하고 글 전체를 구조화하는 훈련을 하면 독해력을 키우는 데 큰 도움이 된다. 문단별로 핵심 정보가 들어 있는 중심문장과 뒷받침문장을 구별하며 읽는 연습, 주어진 정보를 바탕으로 앞으로의 전망이나 결과를 추론하며 읽는 연습도 병행해야 한다.**

중심문장과 뒷받침문장 판별하기, 글 요약하기, 개요(글의 뼈대) 쓰기, 예측하며 읽기는 초등 6년 간 국어 수업 시간에 배우는 기술이다. 아이가 국어 교과서에서 배운 핵심 개념을 제대로 소화한다면 수능 '불국어'도 너끈히 제압할 수 있을 것이다.

비문학 신문 기사
지문 분석하듯 쓰면서 읽기

기사는 대표적인 비문학 글이다. 인문, 예술, 사회, 문화, 과학, 기술 등 사회 전반에 대한 최신 소식을 시의적절하게 다룬다. 인공지능, 팬데믹, 가상화폐처럼 시의성 높은 주제는 국어 지문뿐만 아니라 면접, 논술에도 빈도 높게 출제된다. 기사를 읽으며 글을 요약하고 추론하는 연습을 하면 효과적으로 국어 실력을 향상시킬 수 있다. 배경지식이 쌓이는 건 기분 좋은 덤이다.

----

① 표제·부제 읽고 내용 유추하기

우선 제목에 해당하는 '표제'와 '부제'를 읽고 기사에 어떤 내용이 담겨 있을지 유추해 본다. 제목에는 본문 내용을 아우르면서도 중요한 내용을 압축해 보여 주는 '핵심어'가 포함돼 있다. 표제와 부제에 나온 단어를 기준으로 전체 내용을 파악하면 주제에서 벗어나 자의적으로 해석하는 오류를 줄일 수 있다.

> (표제) **'밀가루 값 폭락에 라면·과자·빵 줄줄이 가격 인하'**
> (부제) **'인하율 낮고 종류는 적어…인기 상품 대부분 제외'**
>
> (2023. 6월 말)

경제면 기사에 다음과 같은 제목이 달렸다면 어떤 내용이 이어질까. 본문 내용을 예상하기는 어렵지 않다. 실제로 이 시기에 발행된 신문엔 '물가상승의 주범으로 꼽혔던 제품들의 가격이 내려가긴 했으나 소폭에 그쳤다'는 기사가 실렸다. 표제 역시 대동소이했다.

'표제-부제-기사' 순으로 구성된 신문 기사를 꾸준히 읽으면 다른 글을 읽을 때도 다음 내용을 짐작하며 읽게 된다. 고학년 때 꼭 갖춰야 할 '유추하며 읽기' 전략을 평소 자연스레 연습하게 되는 셈이다.

② 핵심 정보 골라내며 읽기

기사 내용을 읽을 땐 중심문장과 뒷받침문장, 핵심어 등 중요 정보에 밑줄을 그으며 읽는다. 정의, 예시, 비교, 대조 등의 설명 방법이 쓰인 부분엔 별표나 물결표 등 별도의 표시를 해 두는 게 좋다. 뜻을 모르는 단어 역시 동그라미를 쳐 눈에 띄게 표시한다.

③ 나만의 언어로 다시 써 보기

기사를 다 읽은 후엔 몰랐던 단어 뜻을 사전에서 찾아 정확히 익힌다. 다시 한번 기사를 읽으며 표시한 내용을 바탕으로 문단 내용을 두세 줄로 요약한다. 향후 발표나 글쓰기를 할 때 활용할 수 있는 예시나 근거 자료는 별도로 메모해 둔다. 기사에 대한 생각이나 느낌을 자기만의 언어로 정리하면 내용이 더 오래 기억에 남는다.

④ 출제자의 마음으로 문제 내기

기사 내용을 제대로 이해했다면 마지막으로 출제자가 된 것처럼 직접 문제를 내 보자. 어휘 문제, 내용 일치 문제처럼 쉬운 문제부터 시작해 추론 문제, 서술형 문제까지 점점 수준을 높여 보는 게 좋다. 출제한 문제는 3일 이내에 다시 풀어야 효과적으로 복습이 된다. 교과서나 참고서, 모의고사 문제 유형을 참고하면 다양하게 문제를 내고 풀어 볼 수 있다. 고교 모의고사 및 수능 기출문제는 EBSi에서 무료로 내려받을 수 있다.

처음엔 짧고 쉬운 기사로 읽기 연습을 한다. 어느 정도 익숙해지면 내용이 길거나 전문 지식에 관한 까다로운 기사에 도전해 본다. 수준에 맞게 점차 난이도를 높이면 정보 탐색 및 지문 분석 능력이 점진적으로 향상된다. 독서량이 적은 아이나 문학 작품 위주로 책을 읽는 아이라면 기사를 읽고 분석하는 연습이 독해력을 키우는 데 큰 도움이 될 것이다.

글 실력 키우는
배경지식 쌓기

01 | 초등 필수 배경지식
인문편

　인문학은 '인간의 본질'을 탐구하는 학문이다. 바람직한 삶의 모습, 인간의 도리처럼 '인간다움'에 대한 질문을 던지고 연구한다. 사전적 정의만 보자면 '언어와 문학, 역사, 철학 등을 연구하는 학문'이지만 우리가 매일 아이들에게 가르치는 기본예절과 타인에 대한 배려, 바른 생활 습관과 크게 다르지 않다. 자라나는 아이들에게 인문학은 인성 함양을 위한 보약이라 할 수 있다.

　이런 이유로 많은 부모가 인문학 교육에 관심을 기울인다. 서점가엔 어린이 눈높이에 맞춰 쉽게 풀어 쓴 인문 고전 책들이 즐비하다. 부모교육 프로그램에도 인문학 강좌가 다수 포함돼 있다. 미국 하버드대의 마이클 샌델 교수가 쓴 『정의란 무엇인가』(김명철 역, 와이즈베리)가 공전의 히트를 치면서 교육 현장에 인문학 열풍이 불기도 했다.

인문학은 아이들이 기본 소양을 쌓고 바른 인성을 가지고 성장하도록 이끌어 준다. 인문학이라고 하면 일견 거창해 보이지만 특별한 교육 프로그램이 필요한 건 아니다. 우리 사회에서 일어나는 사건, 사고를 보며 옳고 그름의 가치 판단을 해 보는 일, 법과 예절은 어떤 차이가 있는지 생각해 보는 시간 자체가 모두 훌륭한 인문학 교육이다.

이처럼 인문학은 우리 실생활과 밀접하게 맞닿아 있다. 언어와 인물, 역사와 문화, 종교와 철학을 전방위적으로 톺아보는 신문은 그래서 '인문학 홈스쿨링'을 위한 좋은 교과서가 된다.

신문, 인간의 다양성을 드러내는 프리즘
전문가 칼럼 읽고 역사·인물·언어 상식 쌓기

초등학교 3학년 때부터 아이들은 사회, 과학, 도덕, 미술, 음악 등 다양한 교과목을 학습하며 인문학의 첫 단추를 끼운다. 역사 공부를 하며 우리나라의 과거와 현재, 미래를 들여다보고 다채로운 음악, 미술 활동을 통해 예술이 우리 삶을 얼마나 풍요롭게 만드는지 피부로 느낀다. 또 언어의 역할과 필요성을 체계적으로 배우며 의사소통 능력이 얼마나 강력한 삶의 무기가 되는지 서서히 깨닫기 시작한다.

신문은 아이들에게 인문학적 식견을 높여 줄 수 있는 읽을거리를 풍부히 제공한다. 인류와 문명, 종교의 탄생에 대한 전문가 칼럼은 어디서나 쉽게 접할 수 없는 양질의 지식을 전달한다. 희귀한 사료처럼 우리 눈을 사로잡는 시각 자료까지 곁들여져 있어 관련 분야에 대한 흥미와 호기심을 자극한다.

특히 신문에는 신화와 세계사, 역사와 인물에 얽힌 재미있는 일화들이 다채롭게 소개된다. 영화나 연극, 책 등을 통해 관련 이야기가 재생산되거나 특정 기념일 혹은 사건에 관련된 인물을 현대적 관점에서 재조명할 때, 신문은 관련 내용을 A부터 Z까지 소상히 알려 준다.

예를 들어 영화 〈오펜하이머〉 개봉을 계기로 인물이 활약했던 시대적 상황을 역사적으로 분석하거나, 미국이 비밀리에 원자폭탄을 만든 '맨해튼 프로젝트'를 주제 삼아 핵무기 관련 과학 지식을 해설하는 식이다. 안중근 의사의 삶을 그린 뮤지컬 〈영웅〉이 큰 호평을 받았을 때도 비평가와 역사학자들이 쓴 수많은 칼럼이 쏟아져나왔다.

전문가 칼럼 혹은 오피니언은 사실을 토대로 작성되는 보도 기사와 다르다. 사실을 근거로 한 개인의 '의견'이기 때문이다. 칼럼을 읽으면 크게 세 가지 이점을 얻을 수 있다. 먼저 세상에 잘 알려지지 않은 전문적인 지식이나 어디서도 듣기 힘든 역사 속 비화가 담겨 있어 지식을 넓히는 데 유용하다. 또 다양한 이력을 가진 사람들의 견해를 비교할 수 있어 같은 문제도 관점에 따라 다르게 해석된다는 사실을 깨닫게 된다. 마지막으로 전문가의 글을 꾸준히 읽으면 주제에 맞춰 정보를 편집하는 기술, 사실을 근거로 효과적으로 자기주장을 펼치는 방법을 간접적으로 익힐 수 있다.

전문가들은 신문에 칼럼을 기고할 때 '대중이 읽는 글'이란 사실을 염두에 두고 글을 쓴다. 따라서 진지하면서도 재미있게, 전문적 지식을 이야기책처럼 쉽게 풀어 낸다. 신문을 훑어보면 초등학생들도 흥미롭게 읽을 수 있는 이야깃거리가 꽤 많다는 사실을 알 수 있다. 예를 들어 칼럼을 통해 소개되는 철학 이야기는 때론 영화나 소설보다 더 흥미진진하고 파격적이다. 플라톤의 진짜 이름은 '아리스토클레스'이며 플라톤은 '떡대'란 별명이 있었다거나, 수학자 피타고라스가 벌인 무시무시한 범죄 행각처럼 세간에 잘 알려지지 않은 비화들은 독자에게 신선한 재미와 반전의 묘미를 선사한다. 초콜릿, 고추, 옥수수의 유래처럼 음식에 얽힌 세계사는 아이들에게 '앎의 즐거움'을 선물한다.

언어에 관련된 이야기도 빼놓을 수 없다. 문자 발명 이전과 이후를 비교했을 때 역사가 어떻게 달라졌는지, 나르시스나 시시포스 같은 신화 속 주인공들이 어떻게 비유적 표현으로 쓰이게 됐는지 그 기원과 유래를 짚어 나가다 보면 자연스레 상식이 쌓인다. 영단어의 어원을 다룬 글은 영어 자체에 대한 이해도를 높여 준다.

또 무조건 암기할 때보다 더 효과적으로 단어를 습득할 수 있게 도와준다. 정통 영어와 한국어식 영어(일명 콩글리시)를 비교한 글은 재미도 있지만 가족 모두에게 매우 유용하다.

유명 인물의 인터뷰 기사도 교육적으로 가치가 높다. 전기자동차 테슬라의 최고경영자인 일론 머스크, 한국인 최초로 필즈상을 수상한 허준이 교수, K-콘텐츠의 위상을 높인 봉준호 감독 등 우리 사회에 막강한 영향을 미치거나 괄목할만한 업적을 쌓은 인물들을 시의성 있게 다룬다.

인물 기사는 그의 일대기와 주요 업적을 압축적으로 보여 주면서도 실제 그들의 육성을 고스란히 담고 있어 독자에게 생생한 감동과 울림을 준다. 인터뷰 기사엔 그만의 특별했던 경험이나 인연, 인생을 뒤바꾼 결정적 사건, 크고 작은 성공과 실패 등 인간적이면서도 흥미진진한 이야기가 가득하다. 한 편의 위인전과 같은 이런 기사들은 아이, 부모 모두에게 삶에 대한 동기를 부여하고 미래에 대한 통찰력을 키워 준다.

관점과 사고의 다양화 이끄는 인문 지식
토론하고 글 쓰며 창의적 안목 키우기

찬반 논란이 뜨거운 사건, 사고 기사는 온 가족이 함께 토론하는 계기를 마련해 준다. 의견이 첨예하게 엇갈리는 사안은 사회 구성원들의 생각이 얼마나 다를 수 있는지를 여실히 보여 준다. 설악산 케이블카 설치를 둘러싼 이해집단의 갈등, 흉악범의 신상정보 공개를 놓고 벌어진 논란 등 신문엔 토론 주제로 삼을 수 있는 이슈들이 많다.

초등 저학년 아이와 토론을 할 땐 규칙을 지키며 타당한 '근거'을 내세워 주장하도록 이끌어 주는 게 좋다. 고학년 이상 아이라면 보다 근본적인 부분까지 건드려 볼 수 있다. 왜 찬성(혹은 반대)하는지 묻는 것에서 한발 더 나아가 '인간이 자연을 마음대로 변형, 통제하는 것이 타당한 일일까?(설악산 케이블카 관련)', '인권의 범위는 누가, 어떻게 설정할까?(흉악범 신상정보 공개)'와 같은 질문을 던지고 답을 찾아보도록 유도하는 것. 이런 질문은 그냥 지나치기 쉬운 사건, 사고 속에서도 인간 본연에 대한 질문을 던지고 자기만의 답을 찾는 태도를 기를 수 있게 도와준다.

인물 관련 기사를 읽고 직접 위인전을 써 보는 것도 유의미한 활동이다. 자기가 중요하다고 생각하는 기준에 따라 인물을 선택하고, 주요 업적을 정리한 뒤 인물에 대한 평가, 나의 생각을 차례로 쓰면 된다. 특정 인물에 대한 위인전이지만 가치 평가가 반영된 글이기 때문에 자신의 가치관과 관심사, 삶의 태도를 확인할 수 있다.

인물 탐구는 진로와 장래 희망과도 밀접한 관련이 있다. 자기가 닮고 싶은 사람의 기사를 스크랩해 책상 앞에 붙여 두는 것만으로도 아이들에게 큰 동기부여가 될 수 있다. 그 인물의 어떤 점이 좋은지, 어떤 점을 본받고 싶은지 구체적으로 쓰면 향후 진로 계획을 세우거나 목표를 잡을 때 길잡이 역할을 해 주는 나침반이 된다.

한 사람의 생각과 관점은 그가 쌓은 지식과 경험에 근거한다. 각계의 전문가들이 성장을 위해 다양한 책을 읽고 여러 분야의 사람들과 소통하는 이유다. 하지만 안타깝게도 요즘 아이들은 어른보다 더 바쁘게 산다. 책 읽을 시간도, 생각할 여유도 좀처럼 나지 않는 게 현실이다.

이런 아이들에게 지금 가장 필요한 건 부모와 나누는 양질의 대화다. 아이와 함께 신문을 읽고 다양한 주제로 대화를 나누자. 새로운 걸 알아가는 재미를 함께 누리고, 의견이 대립할 땐 정식으로 토론을 하자. 하루 10분이면 충분하다. 부모와의 대화를 통해 사람과 사회를 이해하고 다양성의 가치를 배운 아이는 열린 마음과 균형 있는 시각을 가진 어른으로 성장하게 될 것이다.

내가 쓰는 ○○○ 위인전
① 선정한 인물:
② 선정한 이유:
③ 인물의 어린 시절:
④ 인물이 다른 사람과 달랐던 점:
⑤ 인물이 했던 성공과 실패:
⑥ 인물의 삶에서 닮고 싶은 점:
정리한 내용을 바탕으로 완결된 글 써 보기

넓고 깊은 지식을 위한 🌐 인문편 연계 독서

아이가 신문을 읽고 특정 분야나 주제에 관심을 보인다면 연계 독서를 통해 더 넓고 깊은 지식의 세계로 인도하자. 신문에 실린 추천 도서 목록을 활용하는 것도 좋은 방법이다.

· 『이럴 땐 어떻게 말해요?』(강승임 저, 김재희 그림, 주니어김영사)
  헷갈리는 우리말을 쉽게 알려 주는 그림책.

· 『사춘기를 위한 맞춤법 수업』(권희린 저, 생각학교)
  받아쓰기를 졸업한 초등 고학년 이상 추천. 맞춤법이 틀릴까 조마조마하다면 조용히 꺼내 읽자.

· 『처음 읽는 그리스 로마 신화』(최설희 저, 한현동 그림, 미래엔아이세움)
  고전 중의 고전. 재미있는 그림책으로 흥미를 먼저 돋우면 두꺼운 줄글 책도 몰입해 읽는다. 출판사별로 살펴보고 취향껏 고를 것.

· 『어린이 인문학 여행』(노경실 저, 생각하는책상)
  경제, 과학, 신화, 예술… 지적인 10대를 위한 넓고 얕은 지식.

· 『어린이를 위한 정의란 무엇인가』(안미란 저, 정진희 그림, 주니어김영사)
  '최선의 정의'란 무엇일까? 옳고 그름, 선의와 배려 등 가치 판단을 내릴 수 있는 기회.

· 『10대를 위한 공정하다는 착각』(마이클 샌델 원저, 신현주 저, 미래엔아이세움)

물질만능주의, 능력주의, 학력주의 등 사회를 움직이는 공공연한 지배 체계에 근원적 물음을 던지는 책.

· 『백설공주는 왜 자꾸 문을 열어줄까』(박현희 저, 뜨인돌)

낯선 사회학을 익숙한 전래동화와 세계 명작으로 배워보자.

· 『식탁 위의 세계사』(이영숙 저, 창비)

남의 나라 역사가 '먹방'처럼 재미있다.

· 『멈출 수 없는 우리』(유발 하라리 저, 리카르드 사플라나 루이스 그림, 김명주 역, 주니어김영사)

세계적 석학이 들려주는 인류학 이야기. 초등 고학년 이상.

· 『도덕을 위한 철학 통조림 시리즈』(김용규 저, 이우일 그림, 주니어김영사)

초보자들을 위한 친절한 철학 입문서. 차근차근 생각하는 법을 알려 준다.

02 | 초등 필수 배경지식
사회편

초등학생들이 의외로 어려워하는 과목이 있다. 바로 '사회'다. 3학년 때 '우리 고장'에서 출발한 교과과정은 지리와 기후(초등 4학년), 한국사(초등 5학년)를 거쳐 법과 제도, 정치 및 경제(초등 6학년)로 이어진다. 교과 내용이 점차 광범위하고 추상적인 개념들로 확장되다 보니 갈수록 어려워하는 학생들이 늘어난다.

우리가 흔히 말하는 '사회'와 아이들이 학교에서 배우는 '사회'는 사뭇 다르다. 교과서 속 사회는 우리 국토와 역사, 법과 정치, 경제 체제, 세계화 등 전방위적인 내용을 포괄적으로 다룬다. 게다가 인구밀도, 헌법, 배타적 경제 수역 등 낯선 용어들이 가득해 학생들의 체감 난도는 더 올라간다. 용어의 뜻과 개념을 제대로 학습하지 않으면 수업을 따라가기 버거울 수밖에 없다.

사회 학습의 기본은 용어 정리다. '백지도'나 '희소성'처럼 새로운 용어들이 나오면 자기만의 언어로 쉽게 풀어 쓰며 개념을 정확히 파악해야 한다. 초등 과정이라고 무시하면 안 된다. 중학교 사회 과정은 초등 과정의 확장판이기 때문이다. 초등 때 배운 사회 개념이 머릿속에 잘 정리돼 있으면 중학 과정도 수월하게 따라갈 수 있다.

배경지식이 풍부하면 사회 수업이 한결 더 쉬워진다. 책이나 지도를 통해 위도와 경도의 의미를 터득한 아이는 수업 시간에 같은 내용이 나왔을 때 자신 있게 수업에 임한다. 폭넓은 배경지식은 아이들의 수업 이해도와 흥미를 한층 끌어올리는 윤활유 역할을 해준다.

읽으면 읽을수록 똑똑해지는 사회 기사
현상 이면 들여다보며 통찰력 키운다

봄의 불청객 황사와 여름철 집중호우, 가을 태풍과 한겨울 폭설까지 날씨 기사는 매일 신문 지면에 빠지지 않고 등장한다. 날씨는 우리 생활과 밀접한 관련이 있기 때문이다. 덕분에 신문을 읽으면 지리 단원에 등장하는 우리나라 기후 및 날씨 특징, 지형에 따른 지역별 특색 등 기본 용어와 개념을 맛보고 넘어갈 수 있다.

신문은 방송처럼 일기예보를 하는 데서 그치지 않는다. 현재 기상 이변을 일으킨 원인이 무엇인지, 그로 인해 우리나라는 어떤 영향을 받고 있는지, 또 전 지구적 기후는 어떻게 변하고 있는지를 종합적으로 분석해 보도한다. 또 도표나 그래픽 자료 같은 시각적 정보를 더해 독자가 쉽게 내용을 이해하도록 돕는다. 기후 관련 기사를 꼼꼼히 읽으면 날씨 외에 더 넓은 시야와 정보를 가지고 교과 내용을 바라볼 수 있게 된다.

신문을 읽으면 시의성 있는 주제들도 빠짐없이 섭렵할 수 있다. 세시풍속, 명절과 절기 등을 배울 때 기사를 참고하면 교과서 밖 지식까지 폭넓게 배울 수 있다. 특히 어린이신문은 단옷날 왜 부채를 선물하는지, 동짓날엔 왜 팥죽을 끓여 먹는지 전통 풍습과 유래를 이야기처럼 소개해 아이들이 재미있게 지식을 습득할 수 있다. 온 가족이 함께 신문에 소개된 명절 음식을 만들어 먹고, 절기별 풍습과 놀이를 즐기면 외우지 않아도 사회 상식이 쑥쑥 쌓인다.

한발 나아가 강릉단오제, 강동 선사 문화축제 등 신문에 소개된 지역 축제에 참여하거나 추천 도서를 함께 읽으면 우리 문화와 역사에 대한 지식을 깊이 있게 체득할 수 있다.

유물부터 위인까지
신문 읽기로 역사 흐름 잡는다

신문은 개천절이나 광복절 같은 국경일, 이순신 장군 탄신일 같은 특정 기념일도 중요하게 다룬다. 그날에 담긴 역사적 의미는 물론 유적지나 유물, 위인 정보까지 일목요연하게 정리되어 있어 전체 흐름을 잡는 데 도움이 된다. 어린이신문은 아이들과 함께 가 볼 만한 명소나 체험학습 정보까지 상세하게 제공해 매우 유용하다.

신문은 우리 역사와 문화재에 대한 뉴스도 비중 있게 보도한다. 독일에서 반환된 겸재 정선의 화첩, 프랑스에서 공개한 세계 최고(最古) 금속활자본 '직지'처럼 우리 문화재에 대한 이슈가 생기면 그 의미와 가치를 사료와 함께 요약 정리해 준다.

중국의 동북공정처럼 역사 왜곡이 심각한 수준에 이른 경우 대중의 관심을 촉구하는 특집면을 기획하고 연속 보도하기도 한다. 이런 기사들은 우리 역사를 바로 알고 지키는 것이 후손들의 역할이자 사명임을 아이들에게 인식시켜 준다.

역사학자가 쓴 칼럼은 독자의 통찰력과 사고력을 키워 준다. 전문가의 내공이 담긴 글을 읽으며 아이들은 역사 공부가 왜 필요한지, 과거가 현재에 어떤 영향을 미치는지 깨닫게 된다. 역사에 흥미를 느낀 아이는 우리나라를 넘어 주변 국가로 관심 영역을 넓혀 나간다. 점진적으로 세계를 바라보는 시야가 확장되며 생각 또한 깊어진다.

신문은 사회를 비추는 거울
어려운 법·정치·경제 사례로 배우면 이해 쏙

사회는 유기체처럼 끊임없이 진화한다. 문제는 사회가 늘 이상적인 방향으로만 발전하지 않는다는 점이다. 과거엔 상상도 못했던 사건, 사고가 사회를 큰 혼란에 빠뜨리기도 하고 나라를 벼랑 끝까지 몰고 가기도 한다. 전 세계를 강타한 코로나19가 대표적인 예다. 불특정 다수를 향한 흉악 범죄, 교육과 소득의 양극화, 출산율 저하로 인한 인구절벽 문제도 심각한 수준에 이르렀다. 부모 세대에선 흔치 않았던 청소년 마약이나 도박, 게임중독 문제 역시 빈번히 도마 위에 오른다.

사회문제와 갈등을 최소화하고 모두가 행복하고 안전하게 살아가기 위해 규칙과 체제라는 울타리가 존재한다. 우리 아이들 역시 사회의 한 구성원으로 살아가려면 이런 제도적 장치들을 잘 이해해야 한다.

법, 정치, 경제는 아이들이 특히 어려워하는 분야다. 추상적인 개념과 용어들이 많아 쉽게 머릿속에 들어오지 않기 때문이다. 이럴 땐 실생활에서 벌어지는 구체적인 사례를 통해 관련 내용을 설명해 주는 게 가장 좋다. 아이가 '경제활동'(4학년 2학기)에 대해 배운다면 사전적 정의(사람들이 생활하는 데 필요한 여러 가지 것들을 만들고 사용하는 것과 관련된 모든 활동)를 여러 번 읽게 하는 것보다 집 앞 편의점에서 원하는 물건을 사 보는 게 더 효과적일 수 있다. 선거도 마찬가지다. 학급 임원을 뽑는 일로 눈높이를 낮춰 설명하면 아이들도 어렵지 않게 내용을 파악한다.

신문 기사는 어려운 법과 정치, 경제를 이해하는 데 도움이 되는 특급 도우미다. 기사 속엔 국회에서 법을 만드는 의원들, 정상회담에 참석한 대통령, 집회나 시위를 벌이는 이해단체 등 사회 구성원들의 역할과 책임이 고스란히 녹아 있다. 국민의 자유와 권리, 민주주의와 삼권분립과 같은 개념을 신문에서 자주 접한 아이는 수업 시간에도 어렵지 않게 관련 내용을 이해할 수 있다.

경제 교육도 신문 읽기로 가능하다. 홈 아르바이트, 저축, 동네 벼룩시장 참여 등 신문엔 아이들이 도전해 볼 수 있는 경제활동이 다양하게 제시된다. 읽은 내용을 실천에 옮기기만 해도 지식과 경험의 폭이 눈에 띄게 확장된다.

신문은 앎을 삶에 적용할 수 있는 '지점'을 정확히 제시한다. '장바구니 물가' 기사를 읽고 인플레이션이란 용어를 배웠다면 아이와 함께 시장에 가서 직접 그 뜻을 확인해 보자. 현재 1만 원으로 살 수 있는 품목들을 바구니에 담고 3년 전과 비교하면 어렵지 않게 용어의 의미를 이해할 수 있다.

젠트리피케이션 같은 개념도 마찬가지다. 가족여행으로 찾은 관광지에서 식당이나 카페 주인분들과 관련 주제로 대화를 나누면 그 의미를 쉽게 파악할 수 있다.

이렇게 신문에서 배운 지식을 체험을 통해 익히면 시간이 지나도 절대 잊어버리지 않는다. 신문이 제시한 전문 지식과 부모의 노력이 만나면 진정한 '학습'이 일어난다.

경제 기사는 유행이나 현상에 대한 단순 보도보다 관련 경제 개념을 알기 쉽게 풀어 주는 분석 기사 형식이 많다. 예를 들어 아이들이 좋아하는 탕후루(과일에 설탕 코팅을 입힌 간식)가 일반 과일보다 비싼 이유를 수요와 공급의 법칙을 들어 설명하는 식이다. '엥겔지수', '베블렌 효과' 등 알아 두면 도움이 되는 경제 상식도 쉽고 깨알 같이 제공해 준다.

자녀의 경제 교육에 관심을 쏟는 부모라면 아이가 경제 기사에 관심을 갖도록 함께 꾸준히 읽어 줄 필요가 있다. 경제 기사를 읽으면 바람직한 경제 습관을 기르는 데 도움이 될 뿐 아니라 사회현상을 깊이 있게 바라보는 안목도 기를 수 있다.

넓고 깊은 지식을 위한 🌐 사회편 연계 독서

지리, 법, 경제, 한국사 등 광범위한 내용을 압축적으로 배우다 보면 자칫 빈틈이 생기기 쉽다. 신문 읽기와 독서는 부지불식간 생긴 학습 공백을 든든히 채워 준다. 사회면 기사와 교과서, 책을 함께 읽으면 내용 이해가 더 쉽다. 성적이 팍팍 오르는 건 기분 좋은 덤이다.

- 『내가 법을 만든다면?』(유재원·한정아 공저, 박지은 그림, 토토북)
  법은 어떻게 만들어질까. 한눈에 보여 주는 그림책. 우리 생활에서 조용히 활약하는 법들을 알고 나면 눈이 번쩍 뜨인다.

- 『알려줘 서울 위인!』(이정주 저, 이은주·조윤주 그림, 아르볼)
  우리 고장엔 어떤 위인이 살았을까? 서울부터 제주까지, 지역별로 발행되는 맞춤 위인전.

- 『세금 내는 아이들』(옥효진 저, 김미연 그림, 한경키즈)
  세금의 존재 이유, 세금의 쓸모에 대해 알려 주는 생활밀착형 경제 동화.

- 『리틀 부자가 꼭 알아야 할 경제 이야기』(김수경 저, 김민정 그림, 함께 자람)
  경제 원리의 기초와 현명한 소비 생활에 대해 알려 주는 어린이 경제 교양서.

- 『선거 쫌 아는 10대』(하승우 저, 방상호 그림, 풀빛)
  소중한 투표권이 우리 손에 오기까지. 청소년이 알아야 할 정치의
  모든 것.

- 『촉법소년, 살인해도 될까요?』(김성호 저, 고고핑크 그림, 천개의바람)
  갈수록 잔인하고 대담해지는 소년 범죄, 법의 심판은? 초등 고학
  년 이상 추천.

- 『알면 똑똑해지리』(박동한·이윤지 공저, 멀리깊이)
  읽고 나면 사회 교과서가 만만해지리.

- 『달력으로 배우는 우리 역사문화 수업』(오정남 저, 글담)
  2월 14일에 '○○○ 의사' 말고 초콜릿만 생각난다면 필독!

- 『지구를 살리는 특별한 세금』(전은희 저, 황정원 그림, 썬더키즈)
  젓가락세부터 소 방귀세까지, 세계 여러 나라의 상상 초월 세금
  이야기.

초등 필수 배경지식
과학편

공상과학 영화나 소설에서 볼 법한 일들이 속속 현실화되고 있다. 자율주행 로봇이 혼자 간식을 배달하고, 도로 위를 질주하던 자동차가 비행기로 변신해 하늘을 날아다닌다. 저 멀리 우주에선 달 탐사가 한창이고, 실험실에선 식탁에 오를 닭고기가 배양된다. 사람들은 버섯으로 만든 명품 가방을 들고 다음 휴가를 위해 우주 여행 티켓을 예약한다.

과학 기술의 놀라운 발전이 현실과 상상의 경계를 허물고 있다. 신문엔 사실인지 소설인지 헷갈릴 만큼 흥미진진한 소식들이 가득하다. 포장지까지 다 먹을 수 있는 햄버거, 생각하는 대로 제어할 수 있는 로봇 팔은 아이들의 과학적 상상력과 호기심을 한껏 자극한다. 이뿐인가. 위대한 발전을 이끈 과학자들의 생생한 목소리는 아이들에게 학습에 대한 열정과 동기를 심어 준다.

물론 과학이 발전하며 반대급부로 발생한 부작용도 만만치 않다. 인간 대신 위험하고 험한 일을 처리하던 로봇이 전쟁터에서 대량 살상 무기로 변하는가 하면, 썩지 않는 플라스틱 쓰레기가 거대한 섬이 되어 해양 생태계를 공격한다. 전례 없는 팬데믹이 세계를 휩쓸고 지구는 뜨거워지다 못해 펄펄 끓고 있다.

모든 현상이 그러하듯 과학 기술의 발달 역시 명암이 극명히 갈린다. 신문은 과학 발전이 이뤄낸 성과와 업적을 전달하는 데 그치지 않고 순기능과 역기능을 균형 있게 보도한다. 어제의 진리가 오늘의 거짓으로 판명 나는 과학계에서 과거 긍정적으로 평가받던 기술이 오늘날 심각한 부작용을 일으키기 때문이다.

행성이라 외웠던 명왕성을 왜소행성으로 재분류하며, 우리는 과학에 '절대 진리'란 없다는 걸 경험적으로 체득했다. 아이들 역시 마찬가지다. 과학 면에 실린 기사를 꾸준히 읽다 보면 오늘날 '진리'라 믿은 것에 의심하고 비판하는 태도를 갖게 된다. 이런 비판적 사고critical thinking는 자기 자신은 물론 사회 발전을 위해 꼭 필요한 덕목이다. 계속해서 의심하고, 새로운 질문을 던져야만 또 다른 변화가 일어난다.

비판적 사고력 키우는 훈련
끊임없이 의심하고 질문하라!

인공 감미료, 발암 유발 물질로 분류

세계보건기구WHO 산하 국제암연구소IARC가 인공 감미료 중 일부를 발암 가능 물질(2B군)로 최종 분류했다. 인공 감미료는 설탕보다 달면서도 칼로리가 낮아 한동안 '설탕 대체제'로 각광 받았던 물질이다. 그러나 심장과 뇌에 나쁜 영향을 미칠 수 있다는 연구 결과가 속속 발표되며 결과적으로 인체에 해로운 물질로 분류됐다.

(2023.07.14. '인공 감미료 발암 물질 분류' 뉴스 요약)

인공 감미료에 대한 부정적인 소식이 전해지며 당시 우리 사회엔 큰 혼란이 일었다. 아이들이 먹고 마시는 간식에도 인공 감미료가 들어가기 때문이다. 그런데 기사 내용을 차분히 읽어 보면 크게 염려할 문제가 아니란 걸 알 수 있다. 예를 들어 인공 감미료 중 하나인 아스파탐의 경우, 몸무게가 35kg인 어린이가 아스파탐이 포함된 다이어트 콜라를 하루 30캔(250㎖) 이상 마셔도 위험 기준량을 넘지 않는다. '인공 감미료가 발암 유발 물질로 분류됐다'는 표제만 보면 화들짝 놀라게 되지만 보도 내용을 자세히 읽어 보면 지나치게 걱정할 필요가 없다는 사실을 알게 된다.

이처럼 과학 기사를 읽을 땐 세 가지 사항을 염두에 두는 게 바람직하다. 첫 번째는 '끝까지 정확히 읽기'다. 표제나 기사의 일부만 읽으면 사실과 달리 엉뚱한 결론에 도달할 수 있다. 과학 기사는 처음부터 끝까지, 용어 뜻을 정확히 파악하며 읽는 게 오독을 줄일 수 있는 방법이다.

두 번째는 '비판하며 읽기'다. 기사를 읽을 땐 무조건 믿기보다 '이게 정말 참일까?' 의문을 품어야 한다. 여러 매체의 정보를 비교해 읽으면서 오해의 소지가 있거나 과장된 부분은 없는지 따져 보는 게 바람직하다.

세 번째는 '후속 기사를 찾아보기'다. 챗GPT, 뇌 임플란트 등 사회에 엄청난 파급력을 미칠 것으로 예상되나 아직은 '미완성'인 기술이 적지 않다. 만약 특정 기사를 읽고 호기심과 의문이 생겼다면 관련 기사를 스크랩해 두고 꾸준히 관련 보도를 확인하자. 한 가지 주제를 깊이 있게 파고들면 관련 분야의 지식과 정보가 쌓여 내공이 깊어진다.

과학은 발명과 발견의 연속이다. 어제까지 '참'이었던 이론이 하루아침에 '거짓'으로 판명되기도 한다. 실수와 오류는 어디에나 존재한다. 물리학자 김상욱 교수는 "과학은 지식이 아니라 태도."라고 말했다. 과학 기사를 읽을 때 기억해야 할 훌륭한 조언이다.

쉽게, 짧게, 재미있게
기사 읽고 생활문 쓰기

신문 기사를 읽고 새롭게 알게 된 사실이나 정보를 기록하면 효과적으로 배경지식을 쌓을 수 있다. 읽기를 통해 입력된 정보를 손으로 꾹꾹 눌러쓰면 더 오래 기억에 남기 때문이다.

초등 저학년이라면 기사를 통해 익힌 용어나 내용을 느낌과 함께 한두 줄 쓰도록 한다. 부담되지 않는 선에서 쓰게 해야 오래 지속할 수 있다. 미세먼지나 황사처럼 날씨가 큰 이슈가 된 날엔 그림과 함께 날씨 일기를 써 봐도 좋다.

날씨 기사엔 눈, 비 말고도 아이들에겐 생소한 용어들이 다수 등장한다. 기압골, 적설량, 내륙과 산지 등 사회, 과학 시간에 배우는 개념들도 많이 나온다. 매일 날씨 기사를 읽고 새로 배운 어휘나 개념에 대해 배움 노트를 써 보는 것도 유의미한 활동이다.

날씨로 인해 일어날 수 있는 일들을 떠올리며 짧은 글짓기를 하면 다양한 글이 탄생한다. 예를 들어 '전국 눈, 빙판길 예상'이란 기사를 읽었다면 눈이 내려 도로에 쌓였을 때 어떤 불편이 생길 수 있는지 꽁꽁 얼어붙은 빙판길에선 어떤 사고가 발생할 수 있는지 예상해 글로 옮겨 본다.

날씨가 우리 생활에 미치는 영향에 대해선 제법 긴 글을 쓸 수 있다. 체험학습이나 가족 여행을 떠나기 전 미리 날씨를 확인하고 무엇을 준비할지(우산, 우비, 장화 등), 어떤 옷을 입을지 미리 일기에 적어 보는 것. 날씨에 딱 맞는 간식이나 저녁 메뉴까지 구체적으로 적으면 더 실감나는 글이 완성된다.

날씨 일기 쓰기
날짜: ○○○○년 ○월 ○일
오늘의 날씨: 입김을 후후 불면 새하얀 김이 나오는 날
제목: 입이 궁금해
추운 날엔 호떡이 먹고 싶어진다. 어젯밤 보름달을 보니 호떡이 더 먹고 싶어졌다. 그래서 엄마에게 며칠 전부터 호떡 믹스를 사 달라고 했다. 엄마가 시장에 가서 호떡 믹스를 사 오셨다. 동생이랑 밀가루 반죽에 이스트를 넣고 따뜻한 물을 부어 반죽을 만들었다. 그런 다음 반죽 속에 계피 설탕 가루를 넣어서 동그랗게 만들었다. 엄마가 프라이팬에 기름을 듬뿍 넣고 구워 주셨다. 약 3분 후 호떡이 완성됐다. 우유와 함께 추운 날 호호 불어 먹으니까 더 맛있었다.

슈퍼문, 개기일식 등 보기 드문 천체 현상을 직접 관찰한 날엔 관련 내용을 보고서처럼 써 보자. 신문에 실린 기사를 참고하면 내용이 더 충실해진다.

탐구 보고서	
탐구주제	슈퍼 블루문
탐구 수행일(날짜)	○○○○년 ○월 ○일
탐구 동기	며칠 전 신문에서 슈퍼 블루문 기사를 읽었다. 평소 보던 달보다 얼마나 더 크게 보이는지 알아보고 싶다.

가설 설정	슈퍼문은 달이 지구에 가장 가깝게 접근할 때 뜨는 보름달이다. 평소 관찰했던 보름달이 50원짜리 동전만 했다면 슈퍼문은 500원짜리 동전보다 더 클 것이다.
탐구 계획	50원, 100원, 500원짜리 동전을 준비한 뒤 평소 달을 관측하던 자리에서 슈퍼 블루문의 크기를 비교해 본다. 슈퍼 블루문을 스마트폰으로 촬영한 뒤 (같은 자리에서) 이전에 찍어 둔 보름달 사진과 비교해 본다.
탐구 결과	슈퍼문이라고 해서 500원짜리 동전만큼 클 것이라 예상했는데 실제로는 100원짜리 동전보다 조금 더 컸다. 그러나 평소 보름달에 비해선 확실히 크기가 크고 더 밝았다.
결과 해석 및 결론	이름처럼 '슈퍼 블루문'은 일반 달보다 더 크기 때문에 '슈퍼'가 맞다. 하지만 달 색깔이 파란색은 아니다. '블루문'은 한 달에 두 번째 뜨는 보름달을 일컫는 말이기 때문이다. 달은 29.53일을 주기로 위상이 변하기 때문에 2년 8개월마다 보름달이 한 달에 한 번 더 뜬다고 한다. 다음 슈퍼 블루문은 2037년 1월 31일에 뜬다. 그땐 진짜 천체 망원경으로 달을 관측해 보고 싶다.

과학 관련 글쓰기나 신문 읽기를 꺼리는 아이라면 신문 읽기에 재미를 붙이는 게 먼저다. 새로 배운 내용을 바탕으로 창의적인 아이디어를 떠올리게 해 보자. 지면에서 신재생에너지를 활용한 건물 사진을 봤다면 '오염물질을 배출하지 않는 집'을 설계하고, 이 집을 소개하는 짧은 글을 써 볼 수 있다. 휴지심, 병뚜껑 등 재활용품을 이용해 구상한 집을 직접 만들어 보는 것도 재미있다.

정확한 수치, 구체적 근거 모아
전문가처럼 글쓰기

초등 고학년 이상이라면 '기자처럼 쓰기'에 도전해 볼 수 있다. 기사를 육하원칙에 맞춰 요약하고 내용을 재구성하면 새로운 기사가 어렵지 않게 완성된다. 같은 내용을 다룬 여러 기사를 종합해 미래 전망까지 덧붙이면 훌륭한 분석 기사가 완성된다. 이때 정확한 수치나 전문가 의견, 대학이나 기타 전문 기관의 논문 등을 근거로 제시하면 글의 신뢰성을 높일 수 있다.

신기술이나 사회 변화를 다각도로 분석한 기사를 읽고 관련 주제에 대해 글을 쓰면 논술 실력을 키우는 데 효과적이다. 예를 들어 '딥페이크 기술(인공지능을 이용해 가상의 이미지나 영상을 만드는 기술)'을 이용한 범죄 증가와 같은 기사를 읽었다면 인공지능 시대에 꼭 필요한 윤리 규범에 대한 나의 생각을 써 볼 수 있다(269쪽 참고). 과거에 만들어진 법률이 빠른 속도로 발전하는 과학 기술을 따라잡지 못했을 때 우리 사회에 어떤 문제가 벌어질지, 또 그에 대한 대안은 무엇인지 생각해 볼 수도 있다. 과학 기술의 발전상을 다룬 기사를 분석하고 미래 사회의 유망 직종과 사라질 직업을 예측해 진로 계획을 세워 보는 것 역시 도움이 된다.

넓고 깊은 지식을 위한 📘 **과학편 연계 독서**

과학, 기술 관련 기사 중엔 흥미로운 내용이 많다. 아이들이라면 무조건 좋아하는 똥, 방귀부터 신기한 동식물, 마법 같은 첨단 기술까지 시선을 사로잡는 이야기가 가득하다. 아이가 기사를 읽고 눈을 반짝였다면, 관련 책을 찾아 책상 위에 살포시 올려 두자.

· 『**자연에서 배우는 발명의 기술**』(지그리트 벨처 저, 페터 니시타니 그림, 전대호 역, 논장)
뚝딱뚝딱 만들기 좋아하는 미래의 발명왕에게 추천.

· 『**어린 과학자를 위한 게임 이야기**』(박열음 저, 홍성지 그림, 봄나무)
게임에 혹해서 읽었는데 과학 박사가 되는 책.

· 『**이지유의 이지 사이언스 4 : 옛이야기 편**』(이지유 저·그림, 창비)
콩쥐와 알리바바가 21세기에 태어났다면? 포복절도 과학책.

· 『**무섭지만 재밌어서 밤새 읽는 과학 이야기**』(다케우치 가오루 저, 김정환 역, 더숲)
〈재밌어서 밤새 읽는 시리즈〉 중 하나. 엉뚱하면서도 소름 돋는 과학적 상상에 명쾌한 해답을 더했다.

- 『한입에 쏙싹 편의점 과학』(이창욱 저, 휴머니스트)

  삼각김밥과 컵라면을 같이 먹는 데에도 과학적인 이유가 있다!

- 『과학 인터뷰, 그분이 알고 싶다』(이운근 저, 다른)

  전설적인 과학자 7명이 유튜브에 출연한다면? 시공을 초월한 신

  박한 대담집.

- 『두 얼굴의 에너지, 원자력』(김성호 저, 전진경 그림, 길벗스쿨)

  원자력 에너지의 명암을 낱낱이 파헤치는 책.

- 『슬픈 노벨상』(정화진 저, 박지윤 그림, 파란자전거)

  인류를 구원했던 과학 기술이 재앙으로 둔갑하기까지, 끔찍한 반

  전의 역사.

- 『우리 뇌를 컴퓨터에 업로드할 수 있을까?』(임창환 저, 최경식 그림,

  나무를심는사람들)

  뇌공학자가 알기 쉽게 쓴 '우리 뇌 설명서'.

- 『야밤의 공대생 만화』(맹기완 저, 뿌리와이파리)

  진정한 고수는 쉽게 설명한다. 이해가 쏙쏙 되는 수과학 원리.

1면은 '신문의 얼굴'이다. 현재 사회에서 일어나고 있는 가장 중요하고 시급한 문제를 단도직입적으로 보여 준다. 교통 요금 인상처럼 국민 생활에 직접적 영향을 미치는 소식부터 국제 정세 및 국가 안보까지 나라 안팎에 지대한 영향을 미치는 뉴스들이 1면을 채운다. 세월호 참사처럼 나라를 비탄에 빠뜨린 대형 사고도 1면에 실린다. 전통적으로 1면은 사회적, 국제적으로 영향이 큰 딱딱한 뉴스들(Hard News·정치, 경제, 국제관계 등 중요하지만 딱딱한 성격의 뉴스)이 차지한다.

요즘 1면은 과거에 비해 흥미진진하고 말랑말랑해졌다. 문학, 음악, 미술, 대중문화 등 문화계 소식이 자주 등장하기 때문이다. 한국 영화 최초로 칸 영화제 황금종려상을 수상한 봉준호 감독, 한국 소설가 최초로 부커상 수상의 영예를 안은 한강 작가, 전 세계적 신드롬을 일으킨 K-드라마에 K-POP까지. 한류가 세계를 휩쓸 때마다 신문 1면도 화려하게 빛난다. 스포츠 소식도 빠지지 않는다. 세계 무대에서 우리 선수들이 승전고를 울리면 1면엔 스포츠 뉴스가 기사가 대서특필된다.

문화면 기사로 감성 지능 올리고
독서의 길로 들어서는 마중물 삼기

문화면엔 영화, 뮤지컬, 연극 등의 공연 소식과 전시 및 신간, 최신 유행 및 문화 트렌드 기사가 실린다. 전통의 명맥을 이어 가고 있는 판소리와 창극, 탈춤 소식도 문화면에서 만날 수 있다.

문화면에 실린 예술 작품을 스크랩해 두고 자주 들여다보면 자연스레 거장들의 작품을 구분할 수 있게 된다. 명화와 함께 나온 전문가 해설을 꼼꼼히 읽으면 작품 이해도도 높아진다. 기사엔 예술가와 작품에 영향을 끼친 신화나 종교, 특정 학파 같은 부가 정보도 자세히 설명돼 있다. 꾸준히 읽으면 교양과 상식이 쌓인다.

신간 소개와 서평도 눈여겨 볼 대목. 신간 소개엔 책 표지와 제목, 작가 이력과 간략한 줄거리가 실린다. 표지와 줄거리만 읽어도 흥미가 가는 책이 적지 않다. 서평 기사는 독서 길잡이 역할을 충실히 수행한다. 이 책이 어떤 독자에게 도움이 되는지, 이 책의 미덕은 무엇인지 구체적으로 알려 주어 책 선택 시 실패 확률을 낮춰 준다.

신간 소개는 일종의 '책 메뉴판'이기도 하다. 아이가 어떤 책을 읽어야 할지 몰라 막막해한다면 신간 소개를 보여 주고 고르게 하자. 도서관, 서점 등에서 직접 선택한 책을 읽게 하면 아이는 훨씬 더 순조롭게 독서의 길로 들어선다.

문화면은 아이들이 취미의 폭을 넓힐 수 있는 친절한 도우미가 돼 주기도 한다. 클래식에 관심 없던 아이들도 신문에 소개된 교향곡을 들으며 신세계를 경험하고, 생생한 영화평은 게임밖에 모르던 아이들에게 극장 가는 재미를 선물한다.

자라는 아이들은 인지 능력뿐만 아니라 감성 지능과 공감 능력을 기르는 것도 중요하다. 학습에 매몰돼 감정이 메말라 버린 아이에게 타인에 대한 공감과 배려를 기대하긴 어렵다. 다채로운 감정을 불러일으키는 예술 작품은 성장기 아이들이 반드시 섭취해야 할 비타민과 같다.

많은 부모가 이런 점을 잘 알고 있으면서도 좀처럼 실천하지 못한다. 바쁜 시간을 쪼개 길을 나서는 것 자체가 번거롭게 느껴지기 때문이다. 꼭 전시관에 가야만 작품을 볼 수 있는 건 아니다. 신문 문화면에 실린 작품을 오려 거실을 장식하면 우리만의 작은 갤러리가 완성된다. 부모 또는 아이가 직접 도슨트가 될 수도 있다. 서로에게 작품 해설을 읽어 주고 느낀 점을 나누며 감상하면 그 자체로 훌륭한 경험이 된다.

스포츠면, 남자아이들의 '취향저격'
읽고 쓰기 싫어하는 아이를 위한 특효약

스포츠면엔 주요 경기 일정과 유명 선수에 대한 기사가 주로 실린다. 스포츠에 흥미가 없는 아이들도 국가 대항전이 열리는 월드컵, 올림픽 경기는 관심 있게 지켜본다. 이때 관련 기사를 읽도록 하면 경기 관련 상식과 규칙을 자연스레 익힐 수 있다. 기사를 읽고 직접 경기 관람까지 하고 돌아오면 돌아오면 아이들 마음속에 스포츠에 대한 관심과 열정이 싹튼다.

실패와 슬럼프를 극복한 운동선수들의 이야기는 아이들에게 좋은 귀감이 된다. 부상 투혼을 발휘하는 선수의 사진, 악전고투 끝에 역전에 성공한 선수단 소식은 아이들의 내면에 도전 정신을 심어준다. 선수들이 보여 주는 눈물겨운 투지는 아이들에게 과정의 중요성과 극기의 숭고함을 가르쳐 준다.

스포츠 기사를 읽고 하는 독후활동은 남자아이들이 특히 좋아한다. 농구, 축구 등 특정 운동을 좋아하는 아이라면 기사에 나온 경기 규칙이나 전략, 전술을 정리해 자기만의 '스포츠 사전'을 만들어 볼 수 있다.

좋아하는 선수의 인터뷰 기사를 읽고 가상 인터뷰 기사를 써 보는 것도 재미있는 활동이다. 운동선수가 장래 희망인 아이라면 혼자 묻고 답하며 '셀프 인터뷰'를 해 봐도 좋다. 미래에 어떤 선수가 되고 싶은지, 꿈을 이루기 위해 앞으로 어떤 노력을 할 것인지 진짜 기사처럼 작성해 놓으면 스스로 의지를 다지는 데 도움이 된다.

문화, 스포츠 이슈로 가치 판단
종합적 사고력 키우는 기회로

여론을 들끓게 한 문화, 스포츠 이슈는 가치 판단의 기회를 제공한다. 예를 들어 예술에서 '표현의 자유'는 어느 정도까지 허용될 수 있는지, 사회적으로 물의를 일으킨 작가의 작품을 공공장소에서 철거하는 것이 타당한지 기사는 독자에게 계속해서 질문을 던진다.

이런 기사를 접하면 먼저 내용의 사실 여부와 인과관계를 확인한다. 그런 다음 논란의 요지를 파악하고, 스스로 옳고 그름을 판단해 보도록 한다. 이런 훈련을 거듭하면 자기가 가치 있게 여기는 덕목들을 발견하게 된다. 이는 자기만의 가치관을 세우는 데 중요한 밑바탕이 된다.

기사를 읽을 때마다 우리가 즐기는 대중문화 속에 고정관념이나 편견, 차별이 숨어 있지는 않은지, 불법적인 요소는 없는지 찾아보는 것도 의미 있다. 길거리 간식으로 인기를 얻은 '십원빵'은 화폐 도안 저작권 문제로 논란을 빚었다. 펜싱 경기에서 러시아 선수를 꺾은 우크라이나 선수는 적국(敵國) 선수의 악수를 거부해 실격 패했다.

이처럼 신문엔 서로 다른 가치가 충돌하거나 논란이 되는 쟁점들이 다양하게 담겨 있다. 문제에 숨어있는 원인을 찾고 대안을 제시하는 활동들을 반복하면 종합적으로 생각하는 능력을 키우는 데 도움이 된다.

기사를 읽고 자기 의견을 적극적으로 의견을 개진해 보는 것도 좋은 경험이 된다. 예를 들어 방송에서 특정 집단이나 개인을 희화화한 경우, 어떤 점이 문제인지 글로 써서 신문사에 투고할 수 있다. 작은 문제라도 스스로 해결하기 위해 노력했던 경험은 비슷한 상황에 처했을 때 효과적으로 대처할 수 있는 저력이 된다.

넓고 깊은 지식을 위한 🌀 문화·스포츠편 연계 독서

도슨트의 해설을 들으며 작품을 감상하면 혼자 둘러볼 때보다 더 많은 것을 보고 느낄 수 있다. 음악, 문학, 스포츠도 아는 만큼 보인다. 즐기는 경지에 오르려면 우선 배우고 익혀야 한다. 신문에서 마음을 두드리는 작품을 만났다면, 심장을 뛰게 하는 선수의 사진을 발견했다면 우선 도서관에 가서 책을 뽑아 읽자.

· 『어린이를 위한 미술관 안내서』(김희경 저, 안은진 그림, 논장)
  올바른 미술관 사용법과 안목을 높이는 작품 감상법.

· 『왜 유명한 거야, 이 그림?』(이유리 저, 허현경 그림, 우리학교)
  '모르면 간첩' 소리 듣는 유명 작품을 다 모았다. 깨알 상식이 가득.

· 『어린이 서양 미술사』(뮤지엄교육연구소 저, 이주희 그림, 내인생의책)
  미술사와 세계사의 환상적인 컬래버레이션.

· 『어린이를 위한 음악의 역사』(메리 리처즈·데이비드 슈바이처 공저, 로즈 블레이크 그림, 강수진 역, 첫번째펭귄)
  모차르트부터 BTS까지, 한 권으로 끝내는 음악 백과사전.

· 『오케스트라』(아발론 누오보 저, 데이비드 도란 그림, 문주선 역, 찰리북)
  화려하고 아름다운 악기들의 세계.

- 『환경을 지키는 지속 가능한 패션 이야기』(정유리 저, 박선하 그림, 팜파스)

  생각지도 못했던 패션과 환경의 상관관계. 지구를 아낀다면 '착한 옷'을 입자!

- 『하늘을 가르고 땅을 두드리며 한판 놀아보자 탈춤』(송인현 저, 장선환 그림, 문학동네)

- 『판소리 조선 팔도를 울리고 웃기다』(김기형 저, 강전희 그림, 문학동네)

  자랑스러운 우리 전통문화, 제대로 알고 즐기자.

- 『짜릿하고도 씁쓸한 올림픽 이야기』(김성호 저, 이영림 그림, 사계절)

  함성과 통곡이 교차하는 올림픽의 역사.

- 『이기고 싶으면 스포츠 과학』(제니퍼 스완슨 저, 조윤진 역, 다른)

  운동에 진심인 친구들에게 추천.

05 | 초등 필수 배경지식
국제편

국제면은 한 마디로 '세계 정보 지도'다. 장수 프로그램 〈걸어서 세계속으로〉처럼 지구촌 곳곳의 낯설고도 신기한 이야기들을 총 망라해 보여 준다. 우리와 다른 기후대에서 다른 언어와 문화를 향유하며 살아가는 사람들의 생활 모습은 '우물 안 개구리'에 머물러 있는 우리를 더 큰 세상으로 인도한다.

국제면은 세계 시민으로서 독자들이 반드시 알아야 할 주요 이슈들을 매일 업데이트해 준다. 국제면 기사를 읽으면 경제협력개발기구OECD, 국제원자력기구IAEA, 국제통화기금IMF 등 국제 사회를 이해하는 데 도움이 되는 시사 용어도 착실히 쌓인다. 각국의 이색적인 문화와 역사, 독특한 법률 및 정치 제도는 아이들의 지식망을 더 넓게 확장시킨다. 결과적으로 세계를 바라보는 시야가 한층 더 넓어진다.

세계를 보는 넓은 안목
창의적 문제 해결력까지

국제 기사는 아이들의 문제 해결력을 키우는 데 큰 도움이 된다. 우주쓰레기 처리법이나 배양육(실험실에서 만든 고기) 기술 등 미래 산업을 선도하는 글로벌 기업들의 소식은 아이들의 생각 주머니를 콕콕 자극한다. 기후 위기나 식량난처럼 인류 공동의 문제를 위해 국제단체들이 내놓는 해법도 우리와는 다른 시각과 접근법을 제시한다.

이런 기사를 읽은 날엔 '나라면 이 문제를 어떻게 풀까?' 고민해 볼 수 있다. 각국이 골머리를 앓던 문제를 어떻게 해결했는지, 문제 인식부터 해결 과정까지 꼼꼼히 뜯어보면 일회용 쓰레기 처리 문제나 에너지 낭비, 사막화 같은 글로벌 이슈에 대한 나름의 해결책을 도출해 낼 수 있다. 소 방귀에서 나오는 온실가스를 줄이기 위해 친환경 사료를 개발한 영국, 해안 침식을 방지하기 위해 바닷속에 방파제를 설치한 호주처럼 문제의 원인을 면밀하게 살펴보는 게 핵심. 사회, 과학 수업에서 배운 교과 지식을 전제로 상상력을 발휘하면 아이들도 얼마든지 창조적인 대안을 만들어 낼 수 있다.

비슷한 사회문제를 다른 나라들은 어떻게 해결하고 있는지 비교해 보는 것도 사고 확장에 도움이 된다. 늘어나는 비만 인구를 줄이기 위해 어떤 나라는 신약을 개발하는 반면, 어떤 나라는 비만을 유발하는 식품에 '비만세'를 부과한다. 나라별로 다른 해결책의 장단점을 따져 보고, 우리 사회에 적용해 볼 수 있는 부분들을 추출하면 현실적인 대안을 떠올릴 수 있다.

남의 나라 뉴스에서 우리 모두의 이야기로
공감과 상생, 기여하는 삶의 중요성

그림책 『내가 라면을 먹을 때』(하세가와 요시후미저, 장지현 역, 고래이야기)는 국제 사회의 민낯을 담담히 보여 준다. 주인공이 라면을 먹고 있을 때 옆집 친구는 신나게 TV를 본다. 뒷집 누나는 바이올린 레슨을 받고 이웃 동네 형은 한창 야구 경기 중이다. 이 동네 아이들이 즐겁게 놀며 공부하는 동안, 다른 나라 아이들은 집에서 아기를 돌보거나 자기 몸집보다 더 큰 소를 몰며 열심히 일한다. 어떤 친구는 거리에서 빵을 팔고, 어떤 친구는 전쟁터에서 목숨을 잃는다.

국제면엔 그림책 내용과 같은 뉴스가 연일 보도된다. 아기의 사진 한 장이 국제 사회를 큰 충격에 빠뜨렸던 적이 있다. 테러 단체의 위협을 피해 가족과 유럽으로 향하던 세 살 아기는 구명조끼도 없이 작은 고무보트를 탔다가 끝내 목숨을 잃었다. 당시 전 세계가 난민 문제를 해결하기 위해 목소리를 높였지만, 오늘날까지 뾰족한 해법이 없는 상태다.

전쟁을 피해 홀로 피난길에 오른 소년의 눈물, 무차별 공습으로 가족을 잃은 아버지의 통곡은 오늘도 세계 곳곳에서 이어지고 있다. 남의 나라 이야기처럼 멀게 느껴지지만 불과 몇 십년 전만해도 이것은 우리의 이야기였다. 언제든, 누구에게든 같은 비극이 일어날 수 있다. 국제면은 그 사실을 우리에게 담담히 알려 준다.

전쟁이나 질병으로 고통받는 사람들에 대한 이야기를 읽은 날엔 서로의 감정을 공유하는 시간을 갖는 게 좋다. 기사를 읽으며 어떤 생각이 들었는지, 우리 주변에 아픔을 겪고 있는 사람들은 없는지, 내가 현 위치에서 할 수 있는 일은 무엇인지 조근조근 이야기를 나누다 보면 아이도 현재에 감사하는 태도를 갖게 된다. 나아가 사회를 위해, 타인을 위해 내가 어떤 도움을 줄 수 있는지 적극적으로 탐구하기 시작한다.

아이들은 배움과 경험이 부족해 근시안적 사고에 갇히기 쉽다. 국제면은 세계 여러 나라 사람들의 이야기를 통해 아이들이 다양한 관점에서 세상을 바라볼 수 있도록 돕는다. 다른 나라 학생들은 어떤 교육 환경에서 공부하는지, 가족 또는 혼인제도는 우리나라와 어떻게 다른지, 각 나라의 자연환경이나 문화는 얼마나 다른지 아이들은 기사를 읽으며 자연스레 다름과 다양성의 의미를 체화한다.

더불어 개혁과 변화에 앞장서는 또래들의 이야기는 세계 시민의식과 사회문제에 대한 참여 의지을 고양시킨다. 목숨을 걸고 아동 교육권을 위해 투쟁했던 말랄라 유사프자이, '학교 파업'으로 기후 위기에 대한 경각심을 높인 그레타 툰베리의 모습은 10대들의 적극적인 사회 참여를 유도한다. 시위, 집회를 통해 당당히 목소리를 높이는 청소년들의 움직임 역시 능동적인 태도와 의지가 변화의 동력임을 보여 준다.

공공의 이익을 위해 자기 일처럼 발 벗고 나서는 또래들의 이야기는 아이들에게 '함께 사는 세상'의 의미를 생각케 한다. 나아가 스스로에게 질문을 던지게 한다. '나는 사회에 어떤 기여를 할 수 있을까?', '더 나은 미래를 만들기 위해 나는 어떤 노력을 해야 할까?' 이런 질문을 던질 수 있는 능력이야말로 자기주도적 성장과 발전의 밑거름이 된다.

넓고 깊은 지식을 위한 🌐 국제편 연계 독서

세계 시민으로서 갖춰야 할 교양과 상식을 독서를 통해 탄탄히 쌓아 보자. 인류 공동의 문제를 다룬 작품을 읽으면 공감 능력이 커진다. 세계를 바라보는 안목도 깊어진다.

· 『거짓말 같은 이야기』(강경수 저, 시공주니어)

  일상의 감사함이 사라질 때, 따끔한 '침'이자 '약'이 될 책.

· 『그레타 툰베리』(발렌티나 카메리니 저, 베로니카 베치 카라텔로 그림, 최병진 역, 주니어김영사)

  기후 위기의 심각성을 알리기 위해 매주 금요일 '학교 파업'을 실행한 10대 기후활동가 이야기.

· 『어린이를 위한 나는 말랄라』(말랄라 유사프자이·퍼트리샤 매코믹 공저, 박찬원 역, 문학동네)

  역대 최연소 노벨평화상 수상자이자 여성교육 운동가인 말랄라의 대담한 투쟁기.

· 『전쟁도 평화도 정치도 경제도 UN에 모여 이야기해 보아요』(강창훈 저, 허현경 그림, 사계절)

  국제 평화 기구 UN의 구성 조직과 활동을 알기 쉽게 정리한 책.

· 『**당신은 전쟁을 몰라요**』(예바 스칼레츠카 저, 손원평 역, 생각의힘)

러시아 침공으로 전쟁터가 된 우크라이나에서 열두 살 소녀가 쓴 삶의 기록.

· 『**선생님, 기후 위기가 뭐예요?**』(최원형 저, 김규정 그림, 철수와영희)

인류가 직면한 가장 심각한 문제, '기후 변화'에 대한 모든 것.

· 『**아동 노동**』(공윤희·윤예림 공저, 윤봉선 그림, 풀빛)
· 『**열한 살의 노동자**』(카사미라 셰트 저, 하빈영 역, 현북스)

착취당하는 어린이들의 비극적인 삶을 조명한다. 각각 비문학, 문학.

· 『**검은 후드티 소년**』(이병승 저, 이담 그림, 북멘토)
· 『**줄무늬 파자마를 입은 소년**』(존 보인 저, 정회성 역, 비룡소)

뿌리 깊은 차별과 편견에 대해 진지하게 생각하게 하는 작품들.

바쁜 부모님을 위한 자녀 논술 지도법

논술은 '자신의 의견을 논리적으로 서술하는 일'이다. 무엇보다 자기만의 생각과 이를 뒷받침하는 근거가 타당해야 한다. 창의적인 발상, 유려한 표현력까지 더해지면 금상첨화다.

신문에 실린 전문가 칼럼이나 사설은 두 가지 모두를 충족시키는 훌륭한 논술 선생님이다. 아이에게 논술 쓰는 법을 가르쳐 주고 싶다면 먼저 신문에 실린 칼럼과 사설을 열심히 읽도록 유도하자. 그런 다음 아래 과정을 참고해 단계적으로 글쓰기를 진행해 보자. 읽기, 따라 쓰기, 요약하기, 직접 써 보기 식으로 순차적으로 접근하는 게 핵심이다.

① 정치적 성향 따라 온도 차 큰 사설·칼럼, 두 개 이상 비교하며 읽기

칼럼은 특정 분야에 해박한 지식을 가진 전문가가 자기 생각이나 의견을 풀어 쓴 글이다. 사설에서는 신문사의 정치적 색깔이 극명하게 드러난다. 특히 사설의 경우, 같은 사안이라도 신문사 성향에 따라 입장 차가 크게 나타난다. 따라서 논술 연습을 할 땐 정치 성향이 다른 신문사의 사설을 두 개 이상 비교하며 읽는 게 바람직하다.

② 사실과 의견 구별하기

칼럼과 사설엔 '사실'과 '의견'이 모두 들어가 있다. 글을 읽을 땐 어느 부분이 사실이고, 어느 부분이 의견인지 표시해 놓는 게 좋다. 관련 기사를 먼저 읽고 사설을 분석하면 보다 정확하게 사실과 의견을 구분할 수 있다. 성향이 다른 신문사의 사설을 비교하며 읽을 땐 각각의 의견이 어떻게 다른지, 어떤 근거를 들어 주장을 뒷받침하는지 번호를 매기거나 표를 만들어 정리하는 게 효과적이다.

③ 필사하기

전문가들이 쓴 칼럼이나 사설을 충분히 읽었다면 그대로 따라 쓰는 필사를 해 보자. 필사를 꾸준히 하면 내 생각과 의견을 군더더기 없이 적확하게 표현하는 법을 체득할 수 있다. 고사성어나 속담 같은 관용 표현이나 인용구를 적재적소에 활용하는 법도 배울 수 있다.

④ 핵심 문장만 쏙쏙 요약하기

글을 읽고 전체 내용을 요약하는 것도 쓰기 실력을 향상시키는 좋은 훈련이다. 전체를 서론, 본론, 결론을 나누고 각각의 핵심 문장들만 뽑아내는 게 요령. 이 때도 사실과 의견을 구분해 쓰도록 한다.

글 요약하기를 반복하면 글의 논리 구조가 차차 눈에 들어오기 시작한다. 사실과 의견의 균형을 맞추는 방법도 터득할 수 있다. 논리 구조가 눈에 익으면 글을 구조화하는 능력이 생겨 혼자 개요를 짤 때도 같은 방식을 차용할 수 있게 된다. 개요 짜기는 밑그림 그리기와 같다. 익숙해지면 실제 자기 글을 쓸 때도 시간을 크게 단축할 수 있다.

⑤ 내 의견을 넣어 다시 쓰기

일단 관심이 있어야 쓰고 싶은 의지가 생기고, 창의적인 대안도 나온다. 관심 있는 주제를 발견했다면 전문가 의견에 내 생각을 채워 다시 쓰는 연습을 해 보자. 다양한 글을 많이 쓰는 것보다 하나라도 밀도 있게, 충실히 쓰는 게 도움이 된다. 공들여 써야 논리 구조나 접근법, 주요 표현들이 기억에도 오래 남는다.

⑥ 나만의 논술 자료집 만들기

글을 잘 쓰려면 일단 좋은 글을 많이 읽어야 한다. 꾸준히 읽다 보면 의미를 강조하기 위해서 질문을 던지기도 하고, 정반대로 표현하기도 한다는 걸 자연스레 배우게 된다. 특정 단어를 다양하게 활용하는 법도 알게 된다.

어휘력과 표현력이 단단히 다져져야 자기가 전달하고 싶은 생각, 표현하고 싶은 느낌을 정확히 문자로 바꿔 쓸 수 있다. 좋은 글을 발견할 때마다 스크랩해 두고 자주 읽자. '모방은 창조의 어머니'란 말이 있듯이, 글을 쓸 때마다 전문가의 글을 읽고 비슷하게 쓰려고 노력하면 실력이 비약적으로 향상된다. 참신한 접근, 날카로운 의견이 돋보이는 글을 쓰겠다는 목표로 꾸준히 글을 쓰고, 쓴 글은 차곡차곡 모아보자. 내가 쓴 글은 향후 중고등 수행평가나 글짓기 대회, 면접 대비 때 유용하게 활용할 수 있는 자산이 된다.

신문 읽고 논술 쓰기

같은 사안을 다룬 다른 기사를 여럿 찾아 읽으면 쓸 재료가 늘어나 글이 더 풍성해진다. 내 의견이나 주장을 뒷받침하는 근거를 제시하며 구체적으로 풀어 쓰는 연습을 반복하면 논술 실력을 효과적으로 키울 수 있다.

① 논란이 되는 사안이나 사회문제를 다룬 기사를 선택해 노트에 오려 붙인다.
② 사실과 글쓴이의 주장을 각각 다른 색으로 밑줄 치며 읽는다.
③ 글쓴이의 주장에서 찬성하는 부분과 다르게 생각하는 부분을 적어 본다.
④ 기사 내용 중 사실 부분을 참고해 서론(첫 문단)을 쓰고 내 의견을 한두 문장으로 간략하게 쓴다.
⑤ 본론(두 번째 문단)에서는 내 주장에 대한 근거를 밝힌다. 왜 그렇게 생각하는지 2~3개 이유를 들어 구체적으로 설명한다.
⑥ 내 생각을 결론(마지막 문단)에 다시 한번 요약해 쓴다.

정리한 내용을 바탕으로 완결된 글 써 보기

신문 활용 교육

STEP 5

말하기 실력 키우는
하브루타

메타인지가 자라는
설명의 힘

학습은 배우고 익히는 활동이다. 아무리 배운 내용이 많아도 익혀서 내 것으로 체화하지 못하면 아무 소용이 없다. 구슬이 서 말이라도 꿰어야 보배인 것처럼, 내가 말로 설명하거나 글로 쓸 수 없다면 진짜 지식이 아니다. 신문을 읽고 알게 된 다양한 지식과 어휘를 정리해 나만의 지식망을 완성하고 싶다면 선생님처럼 설명하는 연습을 자주 하는 게 좋다. 남에게 설명할 수 있다는 건 내 지식이라는 반증이다.

설명하기는 메타인지를 높이는 활동 중 하나다. 메타인지란 한 차원 높은 관점에서 자신을 관찰하고 종합적으로 사고하는 능력을 말한다. 쉽게 말해 '아는 것'과 '모르는 것'을 스스로 구별할 줄 안다는 뜻이다. 가족이나 친구 앞에서 새롭게 배운 내용을 설명하다 보면 모르는 부분이나 안다고 착각했던 부분을 쉽게 발견할 수 있다.

설명하기의 핵심은 선택과 집중
가지치기 통해 '알짜'만 가려내기

다른 사람에게 내가 아는 것을 설명하는 건 결코 쉬운 일이 아니다. 무언가를 설명하기까지 선택하고 결정해야 할 사항들이 꽤 많기 때문이다. 어디서부터 시작할지, 얼마나 구체적으로 설명할지, 상대방의 이해를 도우려면 어떤 말로 표현해야 할지 하나부터 열까지 모두 스스로 판단해야 한다.

박물관 해설사들 역시 전시관의 모든 유물을 방문객들에게 다 설명하진 않는다. 어떤 유물을 예로 들어 핵심 주제를 드러낼지, 설명하기의 관건은 '선택과 집중'이다.

이런 능력은 하루아침에 완성되지 않는다. 연습하고 반복해야만 쌓이는 훈련의 산물이다. 아이가 좋아할 만한 기사가 실린 날에 함께 설명하기 놀이를 해 보자. 기사 내용 중 다른 사람에게 알려주고 싶은 정보 '딱 한 가지'만 골라 설명하면 된다. 재미있는 기사로 연습하면 아이들도 어렵지 않게 과정을 수행해 낸다.

학습에 도움이 되는 메타인지를 키우고 싶다면 좀 더 길고 복잡한 내용의 기사를 활용하는 게 좋다. 먼저 기사를 읽고 핵심 내용만 간추려 쓴다. 특히 중요하다고 생각되는 부분은 무엇인지, 독자들이 이 내용을 왜 알아야 하는지 자기 의견을 한두 문장 덧붙여 쓰도록 한다. 기사 내용을 이해하기 위해 먼저 알아야 할 배경지식이 있다면 인터넷이나 책으로 추가 조사해 기록한다. 이렇게 정리한 내용을 또박또박 소리 내 읽으면 말하기 실력까지 기를 수 있다.

아이가 저학년이라면 함께 신문 기사를 읽고 대화를 나누며 자연스럽게 질문을 던져 보자. 오늘 읽은 기사 중에서 어떤 내용이 가장 기억에 남는지, 새롭게 알게 된 내용은 무엇인지, 자기만의 언어로 표현해 보도록 유도한다. 아이가 대답하기를 어려워하면 부모가 먼저 어떤 내용이 재미있고 신기했는지, 기사 내용이 일상생활에 어떤 도움이 될지 구체적으로 말해 주자. 아이는 부모의 답변을 모범 답안 삼아 설명하는 법을 배운다.

내가 습득한 지식을 다른 사람에게 정확히 알려 줄 때, 진짜 '아는 경지'에 올랐다고 볼 수 있다. 아이에게 선생님 역할을 맡기고 자주 역할 놀이를 하면 그 자체로 훌륭한 학습 활동이 된다. 아이의 설명이 조금 부족하더라도 칭찬하고 열띤 반응을 보이면 아이의 자신감과 효능감이 쑥 올라간다.

진짜 실력이 쌓이는 '왜' 설명하기
종합적인 사고로 나만의 지식망 완성하기

아이들이 유치원이나 어린이집 같은 기관에 다니기 시작하면 수업 시간이나 또래와의 대화를 통해 새로운 지식을 많이 습득하게 된다. 이 시기 아이들은 그림책이나 지식동화 같은 책도 왕성히 읽기 때문에 어느 때보다 지식 자랑이 많아진다. 뭔가 대단한 사실을 알게 된 날엔 엄마에게 의기양양하게 묻는다.

"엄마, 이 공룡 이름이 뭔지 알아? 파라사우롤로푸스야. 근데 멸종해서 이제 실제로는 못 본대."

새로 습득한 내용을 복기해 전달하는 건 매우 칭찬할만한 행동이다. 그런데 아이들이 항상 간과하는 부분이 있다. '왜' 그런지에 대한 고찰이다. 아이에게 이유를 물으면 십중팔구 대답하지 못한다. 단편적인 정보를 입력하는 데 그쳤기 때문이다. 이럴 땐 현상의 본질에 집중할 수 있도록 아이에게 추가 질문을 던져 주자. 부모가 꾸준히 "왜 그럴까?" 질문하면, 아이도 차차 전체적인 맥락을 파악하는 자세를 내면화하게 된다.

신문 기사를 통해 알게 된 정보 중 향후 글쓰기나 면접 때 활용하고 싶은 내용이 있다면 별도로 노트에 정리해 두고 스스로 설명해 보도록 유도하자. 선생님처럼 칠판에 쓰며 설명해 보는 것도 좋다.

말하기뿐만 아니라 글로 설명할 수도 있다. 기사에 등장하는 인물이나 동식물의 관점에서 내용을 다시 서술하거나 뉴스를 소재 삼아 만화를 그리면 같은 내용이라도 더 쉽고 재미있게 풀어 설명할 수 있다.

특히 재미있었던 부분이나 교과과정과 관련된 부분을 기사처럼 써 보는 것도 의미 있는 활동이다. 기자는 매일 독자에게 새로운 뉴스를 알리고 설명하는 글을 쓴다. 제목부터 바꿔 자기만의 방식으로 다시 써 보면 해당 내용을 완전히 내 것으로 다지고 갈 수 있다.

02 | 의사소통 능력 키우는
토론의 힘

　"자기 이름으로 된 신용카드를 발급받는 게 아이들에게 득이 될까? 실이 될까? 어린이들이 실물 경제를 배울 수 있는 좋은 기회가 된다고 생각하면 찬성! 충동구매와 과소비를 조장하는 부정적 결과만 초래할 것이라 생각하면 반대! 너흰 어느 쪽이야?"

　'미성년자 신용카드 발급' 문제를 놓고도 논란이 일었을 때 이 주제를 두고 아이들과 한참 이야기를 나눈 적이 있다. 두 아이 모두 "신용카드를 쓰면 고가의 물건도 거리낌 없이 사게 될 것 같다.", "충동구매가 잦아져 계획적인 소비 생활이 불가능해 질 것 같다."며 반대 의사를 내비쳤다.

　나는 일부러 "찬성 편에서 돈이 필요할 때마다 부모님께 용돈을 타 쓰지 않아도 되니 편리하다.", "자기 이름으로 된 카드를 발급받으면 오히려 더 책임감을 가지고 돈을 쓰게 된다."라고 맞섰다. 그러자 첫째가 "카드 발급 전 현명한 소비 생활에 대한 교육을 필수로 이수한 사람에게만 발급해 주는 게 좋겠다."며 조건부 찬성으로 돌아섰다.

아이들과 생활하다 보면 찬성과 반대로 의견이 엇갈릴 때가 많다. 숙제를 먼저 하고 게임을 하자는 내 원칙에 반기를 드는 경우도 있고, 책이나 신문 기사를 읽다 특정 이슈를 놓고 편이 갈릴 때도 많다.

일상에서 이런 상황이 찾아오면 그냥 지나치지 말고 생각의 다양성을 체험할 수 있는 토론을 열어 보자. 토론은 나와 의견이 다른 사람들의 이야기를 경청하는 훈련이자 내 생각을 여러 각도에서 조망해 보는 과정이다. 예상치 못한 주장과 근거는 '내가 틀릴 수도 있다'는 열린 사고를 갖게 도와준다. 허를 찌르는 상대의 반박은 '내 생각이 무조건 옳다'는 완고함에서 벗어나는 계기가 된다.

세상에 존재하는 다양한 의견을 듣고 내 생각을 적절한 방식으로 표현하는 과정은 의사소통 능력과 협업 능력을 향상시켜준다. 궁극적으로 토론은 겸손의 자세, 경청의 태도를 기르는 발판이 되어 준다.

토론할 땐 억지 주장 말고 논리와 근거로!
토론 전 규칙부터 익혀야

토론은 설득의 과정이다. 상대를 설득시키려면 타당한 근거가 뒷받침돼야 한다. 합당한 이유 없이 무조건 내 주장만 밀어붙이면 토론은커녕 대화조차 불가능해진다. 초등 저학년 때부터 부모와 함께 일상적인 주제들을 놓고 의견을 주고받다 보면 자연스럽게 논리적으로 말하는 훈련을 할 수 있다.

아이와 함께 토론할 수 있는 주제는 무궁무진하다. 스마트폰이 필요하다는 초등 자녀와 아직은 사 줄 수 없다는 부모가 서로 팽팽하게 맞설 때, 게임 시간을 놓고 타협점을 찾지 못해 교착상태에 빠졌을 때, 부모가 먼저 아이에게 토론을 제안할 수 있다.

그렇다고 무작정 토론을 시작하면 안 된다. 우선 각자 시간을 충분히 가지고 자기주장과 뒷받침할 근거들을 정리하는 게 중요하다. 그런 다음 토론할 시간을 정하고, 토론 도중 꼭 지켜야 할 규칙들도 미리 아이에게 알려 줘야 한다.

토론 중엔 서로 의견을 경청하고, 상대 의견을 반박하고 싶을 땐 손을 들어 발언권을 얻도록 한다. 자기 의견을 관철시키기 위해 소리를 지르거나 떼쓰지 않도록 미리 약속을 받아 두는 편이 좋다. 이런 사전 작업을 거친 뒤 토론을 시작해야 서로에게 상처를 주는 언행을 삼갈 수 있다.

재미있는 이야기부터 시사 토론까지
친숙한 주제부터 시작해야 아이 입이 열린다

초등 저학년 아이들과는 유명 전래동화나 세계 명작을 읽고 토론을 진행할 수도 있다. 장님인 아버지의 눈을 뜨게 하려고 공양미 300석과 자기 목숨을 맞바꾼 심청이, 낯선 사람에게 아무 의심 없이 문을 열어 주고 음식을 받아먹은 백설 공주. 현대적 관점에서 주인공들의 행동을 바라보고 문제점을 떠올리면 다양한 토론 주제가 도출된다.

초등 고학년 아이들은 기사를 읽고 시사 토론을 벌일 수 있다. 신문에 보도된 사회문제들은 생각할 거리를 던져 주는 훌륭한 토론 주제기 때문이다. 초등학생들의 명품 소비나 SNS에서 벌어지는 집단 따돌림, 사행성을 조장하는 뽑기 기계 등 아이들 눈높이에 딱 맞는 이슈들이 적지 않다.

신문 기사엔 논란이 되는 핵심 쟁점과 인과관계가 구체적으로 명시돼 있어 기사를 읽고 토론 준비를 하면 훨씬 수월하다. 기사에 제시된 사실들을 내 주장을 뒷받침하는 근거로 삼으면 보다 탄탄하고 논리적으로 의견을 펼칠 수 있다. '부먹파vs찍먹파', '고양이파vs강아지파'가 팽팽한 신경전을 벌일 때 신문에서 읽은 사실을 근거로 주장을 펼치면 억지가 아닌 논리로 가볍게 상대편을 제압할 수 있다.

이렇게 재미있고 친숙한 주제들을 놓고 자유롭게 자기 의견을 말하다 보면 아이들도 토론이 어려운 일이 아니라는 걸 금세 깨닫게 된다. 여기서 부모의 역할은 아이가 흥미를 보일 만한 주제를 제시하고, 아이 의견에 귀를 기울여 주는 것이다. 아이 답변을 일일이 고쳐줄 필요는 없다. 칭찬을 받으며 꾸준히 연습하다 보면 아이들의 말하기 실력은 빠른 속도로 향상된다.

평소 아이가 좋아하는 분야나 현재 학교에서 배우는 교과 범위 내에서 토론 주제를 고르는 것도 좋다. 아이들은 자기가 잘 아는 내용일 때 더 쉽게 몰입하기 때문이다. 단, 아이들인만큼 지나치게 선정적이거나 부정적인 이슈는 거르도록 한다.

첨예하게 엇갈리는 이슈 토론
허점·오류 없는 설득하는 말하기

'실질적 사형 폐지국가인 우리나라에서 다시 사형을 집행하는 것이 옳을까?', '인구절벽 시대에 남성만 병역의 의무를 져야 할까?', '촉법소년이 중대한 범죄를 저지른다면 어떻게 처벌해야 할까', '카페부터 비행기까지, 노키즈존은 왜 자꾸 생길까?' 사회문제는 아이들이 다루기 어려울 것처럼 보이지만 예상외로 많은 아이가 높은 관심을 보인다. 다양한 분야의 묵직한 화두들은 아이들이 평소 의문을 품지 않았던 부분들까지 깊이 고민하게 만든다. '경제 개발 vs 환경보호'처럼 접점을 찾기 힘든 첨예한 갈등 상황 역시 고학년 이상 아이들이라면 함께 토론해 볼 만하다.

아이들과 함께 토론할 땐 먼저 기사를 읽고 찬성과 반대 의견을 글로 정리한다. 내 생각을 정확하고 분명하게 정리해 놔야 토론 도중 논점에서 벗어나지 않는다. 더 나아가 내 주장에 허점은 없는지, 지적받을만한 논리적 오류는 없는지 면밀히 검토해야 한다. 또 상대편의 주장을 예상하고 상대의 주장을 무력화시킬 근거를 찾아 두는 것도 중요하다. 어떤 방식으로 상대를 설득할 것인지 구체적인 방법이나 보조자료까지 고민해 두면 더 좋다.

토론은 읽기, 쓰기, 말하기, 듣기 능력을 동시에 쌓을 수 있는 종합예술이다. 부모와 함께 관련 기사를 읽고 토론하다 보면 발표력이 부족한 아이도 자기 의사를 논리적으로 표현할 수 있게 된다.

토론은 자기 의견을 조리 있게 전달하는 법과 경청하는 자세를 배울 수 있는 매우 효과적인 방법이다. 이 두 가지는 사회생활을 할 때 꼭 필요한 의사소통 기술이기도 하다. 온 가족이 한 자리에 모이는 저녁 시간을 활용해 '밥상머리 토론'을 해 보자. 흥미로운 기사를 오려 식탁 위에 올려놓기만 하면 된다. 방법과 절차도 중요하지만 핵심은 함께 나누는 대화란 사실을 잊지 말자.

AI를 능가하는

질문의 힘

생성형 인공지능AI인 '챗GPT'가 전 세계 초미의 관심사로 떠올랐다. 논문 작성은 물론 소설, 작곡, 번역까지 묻기만 하면 척척 써 내는 AI의 발전에 세계인의 기대와 우려가 교차하고 있다. 잘 쓰면 약이 되지만 못 쓰면 독이 되는 양날의 검이기 때문이다.

AI는 사람처럼 스스로 생각하고 학습하는 컴퓨터 프로그램을 뜻한다. 방대한 정보를 흡수하며 무서운 속도로 발전한 AI는 현재 전문가를 대신할 정도로 똑똑해졌다. 최근엔 금융, 법률 등 산업계는 물론 교육 현장에도 AI가 적극 도입되고 있는 추세다.

AI의 특장점은 인류를 단순 노동에서 해방시켜 준다는 점이다. AI를 활용하면 자료 수집을 하고 불필요한 정보를 걸러 내는 데 시간을 쏟는 대신, 수준 높은 질문을 고민하고 창조적인 답을 떠올리는 데 집중할 수 있다.

교육 현장에서도 AI가 효과적이라는 반응이다. AI는 학생들의 성취도를 분석해 개인별 맞춤형 학습을 할 수 있도록 교육 수준과 양을 조절해 준다. 또 학습자의 데이터를 분석해 개별적인 보완학습이 이뤄질 수 있도록 돕는다. 학생은 모르는 문제에 대해 얼마든 질문할 수 있고 선생님 역시 문서 작성이나 채점 같은 소모적인 일에서 벗어나 학생과 수업에 더 집중할 수 있다.

우리나라에서도 AI가 일상 곳곳에 깊숙이 자리 잡았다. 요즘엔 유치원생들도 AI를 이용해 동요를 듣고 한글 공부를 한다. 2025년엔 초·중·고 과정에 AI 디지털 교과서가 도입될 예정이다.

AI의 장점을 들여다보면 인류는 기계의 힘을 빌려 또 한 단계 진화된 삶을 살아갈 수 있을 것으로 전망된다. 하지만 낙관론에 기대기엔 AI가 갈 길이 아직 멀다. AI가 만들어 낸 정보엔 오류가 적지 않고, 정보의 편향성이나 저작권 침해, 범죄 이용 가능성 등 굵직한 이슈들이 산적해 있기 때문이다. AI를 100% 활용하기 위해선 생성된 정보의 정확성과 신뢰도를 판별할 수 있는 능력이 무엇보다 중요한 셈이다.

AI 시대 의사소통 능력
좋은 답변은 좋은 질문에서 나온다

우리는 지금껏 다량의 검색 결과에서 원하는 것을 취사 선택하는 방식으로 정보를 얻었다. 하지만 챗GPT가 등장한 이후 컴퓨터와 '대화'를 주고받으며 필요한 정보를 얻을 수 있게 됐다. 대화의 질이 서로의 의사소통 능력에 따라 달라지듯, 앞으로의 AI 활용 능력은 사용자의 읽기, 쓰기 능력에 따라 좌우될 전망이다.

대화를 원활히 진행하기 위해선 좋은 질문과 경청하는 자세, 비판적 사고와 적절한 피드백이 필요하다. 컴퓨터와 대화할 때도 같은 방식을 적용할 수 있다. 오해의 소지가 없도록 질문하고(쓰기), 결과 값을 정확히 이해하며(읽기), 오류가 없는지 판단(비판적 사고)한 다음 부족할 경우 추가 질문(피드백)을 해야 한다.

질문이 정교하고 날카로울수록 챗GPT는 오류 없는 양질의 정보를 생성해 낸다. '초등학생이 읽을만한 책 추천해 줘' 보다 '13살 게임 좋아하는 사춘기 아들이 재미있게 읽을만한 소설 알려 줘'로 물었을 때 더 구체적이고 유용한 답변이 나온다. 내가 필요한 정보가 무엇인지 '정확히 쓸 수 있어야' 유의미한 정보를 얻어 낼 수 있다는 뜻이다. 반대로 내가 잘못된 질문을 던지면 엉뚱한 결과가 도출될 확률이 높다. 잘못된 데이터나 오류투성이 정보로 그럴듯하게 답변하는 경우가 왕왕 있기 때문이다.

제대로 쓰는 것만큼 제대로 읽는 능력도 중요하다. AI가 항상 100% 정확한 정보만 제공하는 게 아니기 때문에 진위 여부를 스스로 판단할 수 있어야 한다. 챗GPT가 정확한 답변을 낸 경우도 마찬가지다. 주어진 정보를 이해하지 못하거나 문맥을 제대로 파악하지 못하면 아무리 좋은 답변을 얻었다 해도 무용지물일 수 밖에 없다. 정보의 진실성과 신뢰도를 파악하는 것은 오롯이 사용자의 몫이다.

쓰기와 읽기, 비판적 사고력은 신문 읽기를 통해 기를 수 있는 핵심 역량들이다. 신문은 매일 새로운 지식과 정보를 업데이트해주기 때문에 독자들이 보다 정확한 질문을 던질 수 있도록 돕는다. 어떤 문제가 있는지, 그 원인은 무엇이며 어떤 결과가 초래됐는지 일단 알아야 질문도 던질 수 있다.

AI 활용의 기본 전제는 '질문하는 능력'이다. 좋은 답변은 좋은 질문에서 비롯되기 때문이다. 좋은 질문을 던지기 위해선 우선 지식을 쌓아야 한다. 전문가들이 코딩 기술보다 기초 지식과 문해력을 강조하는 이유다.

AI를 능가하는 핵심 역량
창의력과 상상력, 비판적 사고력

AI는 두꺼운 책을 단 몇 줄로 뚝딱 요약하는가 하면 내가 쓴 글을 다른 나라의 언어로 바꿔 주기도 한다. 고민 상담도 척척이다. 학생에겐 개인 교사, 직장인에겐 개인 비서 역할을 톡톡히 해낸다.

정답이 정해진 문제를 단시간 내에 해결하거나 방대한 정보를 빠르게 정리하는 건 AI가 사람보다 탁월하다. 그래서 우리 아이들은 로봇이 흉내 낼 수 없는 인간 고유의 영역에서 경쟁력을 키워야 한다.

가장 대표적인 능력은 창의력이다. '플라스틱 쓰레기를 줄이는 법'에 대한 자료 조사나 세계 각국의 사례를 정리하는 일은 AI에게 맡기고, 우리는 주어진 정보를 융합해 창조적인 방안을 도출해야 한다. 기술적 토대 위에 인문학적 상상력을 세워 세상에 없던 가치를 창조해 내는 일. 그것이 인류의 새로운 역할이자 존재 가치가 될 것이다.

새로운 아이디어나 대안을 얻기 위해 AI 결과를 그대로 활용하는 것은 위험하다. 생성된 정보에 오류가 있을 가능성이 있고, 누군가의 저작권을 침해할 소지도 있다. 생각하는 힘을 기르는 데도 전혀 도움이 되지 않는다.

AI 시대엔 비판적 사고력을 키우는 것도 중요하다. 정보의 오류나 편향성을 판단하기 위해선 다양한 분야에 대한 이해와 상황 파악 능력이 필수로 요구되기 때문이다. 비판적 사고력은 면밀한 관찰과 합리적인 의심에서 비롯된다. AI가 제공하는 정보를 꼼꼼히 읽고 확인하는 노력이 필요하다.

미래 사회에선 역설적으로 의사소통 능력과 문해력 같은 '기본 능력'이 더욱 중요해진다. 기초학문에 대한 지식과 사실을 검증해 내는 능력이 기반이 됐을 때 기술을 의미 있게 활용할 수 있기 때문이다.

부모는 아이들이 AI 기술에 '의존'하는 것이 아니라 창의적으로 '활용'할 수 있도록 올바른 방법을 가르쳐야 한다. 가장 손쉬운 방법은 신문을 읽고 문제점을 찾아보는 것이다. 신문엔 국내외 여러 분야의 정보와 다양한 의견이 집약돼 있어 '정보 문해력'을 키우기에 안성맞춤이다. 기사 내용에 오류가 없는지, 사설 또는 칼럼에 지나친 비약은 없는지 여러 신문사의 기사를 비교하면 쉽게 확인할 수 있다. 어렸을 때부터 신문으로 정보 문해력을 키운다면 실제 AI를 활용할 때도 단점은 최소화하고 장점은 최대로 이용할 수 있게 될 것이다.

바쁜 부모님을 위한 토론 기술 뽀개기

　토론은 논란이 되는 사안에 대해 찬반 측으로 나뉘어 의견을 나누는 활동이다. 토론을 할 땐 내 주장을 구체적 근거를 들어 논리적으로 설명할 수 있어야 한다. 또 상대의 주장을 반박하기 위해선 비판하며 듣는 자세가 필요하다. 서로 의견을 주고받는 과정에서 상대방의 의견이 더 합리적이란 판단이 들면 수긍할 줄도 알아야 한다. 결과적으로 토론은 비판적 사고력과 의사소통 능력을 키울 수 있는 매우 효과적인 방법이다. 동시에 사고의 유연성, 분석능력, 경청의 자세를 기를 수 있는 훈련 과정이기도 하다.

　이렇게 장점이 많은데도 불구하고 토론을 어렵게 생각하는 부모님들이 많다. 주제 선정부터 진행 방식까지 방법을 모르겠다는 게 가장 큰 이유다. 토론은 형식과 절차가 정해져 있지만 크게 부담 갖지 않아도 된다. '민초파vs반 민초파'가 서로 침을 튀기며 싸우듯, 의견이 엇갈리는 사안에 대해 온 가족이 신나게 수다를 떤다고 생각하면 된다.

　수다 떨기에 익숙해졌다면 차츰 시사적인 주제로 접근해 보자. 신문을 읽으면 논란이 되는 다양한 쟁점들을 쉽게 찾을 수 있다. 토론에 적합한 사안들을 형식에 맞춰 연습하면 오래지 않아 가족 모두가 토론의 달인이 되어 있을 것이다.

① 쟁점 찾기

토론을 하기 전 '어떤 문제에 대해 논의할 것인가'를 결정해야 한다. 먼저 현재 우리 사회에서 벌어지고 있는 문제(사실)들 중 하나를 고를 수 있다. '코로나19 여파로 중고등학생들의 봉사활동이 줄었다'는 기사를 읽은 날엔 중고등학생들의 의무봉사제를 핵심 쟁점으로 놓고 토론을 할 수 있다. 초등학생들의 게임중독 현상이 심각한 수준이란 기사를 읽은 날엔 '초등학생들의 스마트폰 사용 규제'를 토론 주제로 정할 수 있다. '선거 연령 제한' 같은 정책적인 문제로도 토론이 가능하다.

② 논제 정하기

논제는 토론에서 다룰 쟁점을 한 문장으로 명료하게 제시한 것이다. 토론 참가자들이 찬성 또는 반대 측에 설 수 있도록 주제를 명확하게 작성한다. 논제엔 하나의 쟁점만 담는다. '교과서에 한문을 병기해야 한다'처럼 '긍정문'으로 서술한다.

③ 토론 준비

일상적인 주제도 좋지만 자녀가 초등 고학년인 경우 신문을 읽고 논제를 정하는 게 실력 향상에 도움이 된다. 논제를 정한 뒤엔 각자 찬성과 반대를 결정하고 자료 조사를 통해 주장과 근거를 정리한다. 개인적인 경험도 좋지만 전문가 의견이나 구체적인 통계 수치 등을 근거로 활용하면 주장의 신뢰도를 높일 수 있다. 상대방이 어떤 근거를 들어 어떤 주장을 펼칠지 예측하고, 반박 자료까지 준비하면 금상첨화다. 내 주장과 근거에도 오류가 없는지 철저하게 검토한다.

④ 토론 내용 글로 쓰기

머릿속으로 생각만 하면 토론 과정에서 제대로 주장을 펼치지 못하거나 근거를 잊어버릴 가능성이 크다. 이런 불상사를 막으려면 주장과 근거를 일목요연하게 글로 써 놓는 게 좋다.

내용을 정리할 땐 내 주장과 근거는 물론 상대편이 제기할 반론 내용과 예상 질문까지 적어 놓는다. 상대가 주장할 내용과 그에 대한 나의 반론까지 적어 두면 당황하지 않고 토론을 이어 나갈 수 있다.

⑤ 토론하기

토론을 할 때 발언 순서는 다음과 같다.
➡ 찬성 측 주장 펼치기
➡ 반대 측 주장 펼치기
➡ 반대 측의 반론 및 질문
➡ 찬성 측의 반박 및 답변
➡ 찬성 측의 반론 및 질문
➡ 반대 측의 반박 및 답변
➡ 반대 측 주장 다지기(마무리 발언)
➡ 찬성 측 주장 다지기(마무리 발언)

신문 활용 교육

실전편

이런 기사엔 이런 활동!

별책부록에 실린 활동들을 따라 하다 보면

NIE 활동지를 직접 만들 수 있게 된다.

참 쉬운 신문 활용 교육, 지금부터 시작해 보자.

아이들이 좋아하는 관심사가 신문에 나왔다면?
재미있게 읽고 신나게 만들기!

꼬마 펭귄 '뽀로로'의 눈부신 진화
경제가치 5조, 세계 180여 개국 수출

'뽀통령(어린이들의 대통령)' 뽀로로가 스무 번째 생일을 맞았다. 2003년 6월 19일, 교육방송(EBS)에서 첫 전파를 탄 후 무려 20년의 세월이 흐른 것이다. 파일럿 모자를 쓰고 작은 날개로 힘차게 날아올랐던 뽀로로는 이제 대한민국을 넘어 세계 어린이들의 마음까지 사로잡고 있다. 여전히 식을 줄 모르는 뽀로로의 인기, 그 비결은 무엇일까.

'노는 게 제일 좋은' 내 친구 뽀로로

엄청난 개구쟁이에 노는 걸 제일 좋아하는 뽀로로는 아이들 눈높이에 딱 맞는 캐릭터다. 뭐든 해 봐야 직성이 풀리는 성격에 깜짝 놀랄만한 사고도 많이 친다. 친구들과 썰매 경주를 하다 눈사태를 일으키고 친구의 생일 파티를 엉망진창으로 만들기도 한다. 한시도 눈을 뗄 수 없게 만드는 장난꾸러기 펭귄 뽀로로는 시작부터 유아들에게 큰 인기를 끌었다.

뽀로로의 반전 매력, 배려와 용기

천방지축, 고집불통 같아 보여도 뽀로로는 친구를 배려할 줄 아는 따뜻한 마음씨를 가졌다. 소외된 친구를 감싸 안아 주고 도움이 필요한 친구에겐 언제든 먼저 손을 내민다. '잘못한 일엔 씩씩하게 사과하기', '거짓말하지 않고 용기 있게 인정하기'도 뽀로로의 특기. 도전 정신도 강해서 한 번 마음먹은 일은 기어코 해낸다. 뽀로로가 어린이들의 사랑을 한 몸에 받는 진짜 이유는 바로 따뜻하고 굳센 마음 때문이다.

경제 효과 5조 7,000억, 국가대표 캐릭터 '뽀통령'의 위엄

뽀로로의 인기는 많은 상품과 서비스를 탄생시켰다. 뽀로로 애니메이션은 전 세계 180여 개국에 수출됐고, 학용품부터 식음료까지 캐릭터를 활용한 파생 상품은 무려 3,000여 개에 달한다. 2015년 자유경제원 기업가연구회는 뽀로로가 만들어 낸 직업과 상품으로 자그마치 5조 7,000억 원을 벌어들였다고 발표했다. 뽀로로 20주년을 기념해 우체국에서 발행한 우표도 두 시간 만에 무려 60만 장이 팔려 나갔다.

뽀로로는 '대한민국 콘텐츠 대상' 대통령상도 수상했다. 구독자 100만 명이 넘으면 유튜브 본사에서 보내주는 '골드 버튼'도 여러 개 받았다. 뽀로로 유튜브의 월 조회수는 무려 6억 회. 뽀로로는 이제 유튜브 스타이기도 하다.

파생 캐릭터 '잔망 루피'까지 인기 행진

　뽀로로가 스무 살이 된 것처럼 뽀로로를 보고 자란 아이들도 성인이 됐다. 이른바 '뽀로로 세대'로 불리는 20대는 뽀로로 캐릭터들을 이용한 밈(meme, 문화 유전자)을 만들며 어린 시절의 추억을 재창조하고 있다. 대표적인 예가 '잔망 루피'다. 순수하고 새침한 루피가 살짝 불량스러운 이미지로 재창조된 것. '잔망 루피'는 식품, 의류 등 새로운 상품으로 변신해 불티나게 팔려 나가고 있다.

20년 뒤 뽀로로를 능가할 K-캐릭터를 디자인해 보자!

1　어떤 모습일까?

2　캐릭터 이름은?

3　캐릭터는 어떤 특징 또는 능력을 가지고 있을까?

---

4 누구를 위한 캐릭터일까? (유아, 초등학생, 중고등학생, 성인)

----

5 캐릭터를 활용해 어떤 제품을 만들 수 있을까?

🖉 위의 생각들을 바탕으로 나만의 캐릭터를 그려 보자!

명절, 기념일, 국경일엔 신문 읽고
나만의 지식 카드 만들기!

단옷날 창포물에 머리 감고, 더위 팔고
3대 명절 중 하나, 임금님도 부채 선물

단오는 설, 추석과 함께 우리나라를 대표하는 3대 명절 중 하나다. 설, 추석과 달리 공휴일에서 제외되면서 요즘은 단오가 무슨 날인지 모르는 학생들이 적지 않다. 우리 조상들에겐 추석만큼 큰 명절이었던 단오, 그 의미와 풍습에 대해 알아보자.

풍년과 평안을 기원하며 복을 비는 날

우리 조상들은 단오가 '태양의 힘이 가장 왕성한 날'이라 생각했다. 그래서 단옷날이면 이른 모내기를 끝낸 뒤 풍년을 기원하는 제사를 지내고, 갓 수확한 과일을 제사상에 올리며 자손의 번창과 집안의 평안을 기원했다. 단옷날엔 모두가 깨끗하게 목욕을 하고 곱게 몸을 단장한 뒤 희망과 행운을 빌었다.

더위야, 가라! 신명 나는 여름 축제

단오는 본격적인 무더위에 앞서 한바탕 웃고 즐기는 축제이기도 하다. 강릉단오제를 비롯해 전국 곳곳에선 단오를 기념하는 성대한 축제가 열린다. 이날 남자들은 모래판에 모여 씨름을 하고, 여자들은 그네를 뛰며 흥겨운 시간을 보낸다. 단옷날엔 창포물에 머리를 감고 가족, 이웃에게 부채를 선물하는 풍습이 있다. 창포물에 머리를 감으면 머릿결이 비단처럼 고와진다. 부채엔 더위 타지 말고 건강하게 지내라는 뜻이 담겨 있다. 옛날엔 임금님도 신하들에게 부채를 선물했다고 한다.

재치 만점 조상들의 세시풍속

과거부터 현재에 이르기까지 특정 시기에 되풀이하는 행동을 '세시풍속'이라 부른다. '대추나무 시집보내기'도 단옷날 하는 세시풍속 중 하나다. 조상들은 결혼해서 자식을 낳는 것처럼, 열매를 많이 맺으란 뜻으로 대추나무 시집보내기 행사를 거행했다. 우리 조상들의 재치를 엿볼 수 있는 대목이다.

단옷날에만 먹는 별미도 있다. 더위를 쫓는 시원한 앵두화채와 쫀득한 수리취떡은 단오를 대표하는 음식이다. 수레바퀴 모양의 수리취떡엔 일이 술술 풀리길 기원하는 소망이 담겨 있다.

기사를 읽고 나만의 지식 카드를 만들어 보자!

1 기사를 읽고 '핵심 정보'에 밑줄 긋기

2 문맥 속에서 정보 뜻 파악하기

3 새롭게 배운 내용 간추리기

----

4 도화지를 적당한 크기로 잘라 카드 만들기

5 앞장엔 핵심어, 뒷면엔 간략한 설명 써넣고 꾸미기

신문 읽고 체험학습 떠나기!

한반도의 비극, 6.25 전쟁 74주년
끝나지 않은 분단의 역사

6.25 전쟁이 일어난 지 벌써 74년이 지났다(2024년 기준). 이 날이 돌아올 때마다 온 국민의 마음이 무겁게 내려앉는다. 우리 민족끼리 총부리를 겨누고 싸웠던 끔찍했던 전쟁. 안타깝게도 이 비극은 아직 끝난 게 아니다.

하나의 민족, 두 개의 나라

1945년 우리나라는 일제강점기에서 해방돼 빼앗겼던 주권을 되찾았다. 하지만 광복의 기쁨도 잠시, 독립 국가를 세우는 과정에서 이념 갈등이 벌어졌다. 우리 민족은 사회주의 진영(북한)과 민주주의 진영(남한)으로 나뉘어 첨예하게 대립했다. 결국 1948년 38선을 경계로 남과 북에 두 개의 정부가 세워졌다. 하나의 민족이 두 개의 나라로 갈라지게 된 것이다.

작전명 '폭풍', 일요일에 시작된 참극

전쟁은 1950년 6월 25일, 평화롭던 일요일 새벽에 일어났다. 북한은 작전명 '폭풍'이란 이름처럼 무서운 기세로 남한을 공격했다. 불시에 공격을 받은 남한은 3일 만에 수도인 서울을 내주었다. 당시 남한 지도자였던 이승만 대통령은 미국에 도움을 요청했고, 16개 나라에서 모인 국제 연합군이 전쟁에 참전했다.

국제전쟁이 된 한국전쟁

국제 연합군의 투입으로 북한에 유리하게 흘러가던 전세가 서서히 역전되기 시작했다. 부산까지 밀렸던 우리 국군은 국제 연합군과 함께 서울을 수복하고 북한의 수도인 평양까지 점령했다.

하지만 사회주의 국가인 중국이 북한 편에 서면서 전쟁은 더 치열하게 격화됐다. 세계 여러 나라가 참전하면서 한국전쟁은 국제전쟁이 되었다.

멈춰 선 전쟁, 계속되는 아픔

같은 민족끼리 벌인 동족상잔의 비극은 3년 넘게 이어졌다. 그러다 1953년 정전 협정이 체결되며 비로소 끝이 났다. 양측은 평화적으로 문제가 해결될 때까지 잠시 전쟁을 멈추기로 뜻을 모았다. 전쟁은 끝났지만 분단의 시련은 계속되고 있다.

전쟁으로 인해 많은 국민이 삶의 터전과 가족을 잃었고 남과 북으로 헤어진 가족들은 여전히 서로를 애타게 그리워하고 있다.

기사를 읽고 내용과 관련된 곳으로 체험학습을 떠나 보자. 6.25 관련 체험학습 현장으론 서울 용산의 '전쟁기념관', 강원도 고성군에 위치한 'DMZ 박물관'과 '6.25 전쟁체험전시관' 등이 있다. 떠나기 전 관련 도서를 읽고 가면 더 알차게 현장을 돌아볼 수 있다.

체험학습장에 해설 프로그램이 개설돼 있다면 적극적으로 이용하자. 해설사 선생님의 설명을 들으며 현장을 돌면 전시 내용을 더 쉽게 이해할 수 있다. 현장에서 배부하는 안내 책자나 지도는 향후 글쓰기 때 유용한 참고 자료가 되므로 꼭 챙겨 오도록 한다.

집에 돌아온 후에는 체험학습 보고서를 작성한다. ▲현장에선 보고 들었던 내용 ▲새롭게 알게 된 점 ▲특별히 인상 깊었던 전시물 ▲느낀 점 등을 구체적으로 기록한다. 기행문처럼 '여정-견문-감상' 형식으로 작성하는 것도 방법이다.

광복절엔 대한민국역사박물관 또는 서대문형무소 등에 들러 우리 민족의 역사를 되돌아보는 시간을 갖도록 한다. 이 밖에 설, 추석 등 우리나라 대표 명절엔 절기나 세시풍속과 관련된 기사를 읽고 국립민속박물관에 다녀올 것을 추천한다. 한글날엔 한글박물관이나 세종대왕기념관이 제격이다.

_____ 에 다녀오고 나서 　　(날짜: 　　)

정보 가득한 기사를 발견했다면?
오늘은 내가 출제자! 퀴즈 만들어 풀기!

한반도 먹거리 지도가 변한다!
동해 참치·해남 망고, 좋지만은 않은 이유

최근 우리나라 바다에 상어가 자주 나타나고 있다. 따뜻한 물에 사는 상어가 자꾸 나타나는 건 그만큼 바닷물의 온도가 높아졌다는 뜻이다. 동해에선 난폭하기로 소문난 백상아리까지 발견돼 해수욕장에 그물망과 전기 충격기까지 설치했다. 반면 동해 특산품이던 오징어와 명태는 오히려 찾아보기 어려워졌다. 모두 기후변화 탓이다. 바닷속 생물들도, 밭에서 자라는 농작물도 온도가 올라가면서 자꾸만 달라지고 있다. 기후변화가 우리나라 식량 지도를 어떻게 바꾸고 있는지 자세히 살펴보자.

해양 생태계를 바꾼 '뜨거운 바다'

상대적으로 물이 차가운 동해에서 최근 아열대성 어류인 참치가 잡혔다. 남해안에서 주로 잡히던 방어는 지난해 강원도에서만 6,000톤 이상 잡혔다. 전복과 비슷하게 생긴 오분자기는 제주도산으로 유명했는데, 서해와 독도에서도 발견되고 있다. 귀하고 비싼 어종이 잡히니 기쁠만도 한데 어민들의 표정은 그리 밝지 않다. 기후변화로 해양 생태계가 크게 바뀌며 어업활동에 어려움을 겪고 있기 때문이다.

평균 수온 상승, 어장이 달라졌다

2,000년대 이후 바닷물이 따뜻해지며 우리나라 바다에 사는 물고기들이 뚜렷하게 변하고 있다. 수온에 민감하게 반응하는 해양 생물들은 살기 알맞은 온도를 쫓아 계속해서 서식지를 바꾸기 때문이다. 동해 특산품이던 오징어는 서해로 이동했고, 한 해 15만 톤 넘게 잡히던 명태는 완전히 자취를 감췄다.

제주도 상황은 더 심각하다. 아열대성 산호가 퍼지며 톳, 감태, 미역 같은 해조류가 점차 줄고 있다. 바다 주변이 뜨거워진 탓이다. 해조류가 사라지면 해조류를 먹고 사는 어패류 역시 사라질 수 있어 주민들의 우려가 커지고 있다.

국립수산과학원이 분석한 자료에 따르면, 우리나라 바닷물 온도는 지난 55년간 1.36도 상승했다. 이는 지구 전체 온도 상승에 2.5배에 달하는 수치다. 전문가들은 "해양 생물들의 이동이 주변 환경은 물론 어민들의 경제활동에도 큰 타격을 줄 수 있다." 며 "기후 변화에 따른 변화에 미리 대비해야 한다."고 조언한다.

열대과일이 주렁주렁, 한반도 식량 지도도 변했다

바다에서 잡히는 물고기만 달라진 게 아니다. 각 지방을 대표하던 농산물도 재배 환경이 변하며 크게 달라지고 있다. 과거 대구는 일교차가 큰 날씨 덕에 우리나라 대표 사과 생산지로 꼽혔다. 하지만 폭염과 열대야가 지속되면서 현재는 30년 전에 비해 사과 재배 면적이 80% 이상 확 줄었다.

　서늘한 기후 탓에 무, 배추 등 고랭지 채소를 주로 재배했던 강원도에선 반대로 사과 생산량이 늘고 있다. 경북 대표 특산품 인 복숭아와 포도 역시 강원도에서 자라고 있다. 기온이 더 높 은 남부지방에선 아예 열대과일들이 대세 작물로 자리 잡았다. 전남 해남은 기후변화에 적극 대응하는 차원에서 전통 작물인 양파와 마늘 대신 패션푸르츠, 애플망고, 바나나 등의 과일을 재배하고 있다. 평균기온 상승으로 우리나라 식량 지도가 바뀌 고 있는 것이다. 전문가들은 "농작물 재배지가 계속해서 북상 하면 완전히 사라지는 작물들이 늘어날 것."이라고 경고한다.

오늘은 내가 퀴즈 출제자!

1　기사를 읽고 중요한 내용에 밑줄 긋기

2　어려운 낱말은 사전으로 뜻 찾아보기

3　기사 내용을 바탕으로 다양한 유형의 문제 만들기

4　어휘 뜻을 묻는 문제, 글의 내용과 일치하지 않는 것을 고르는 문제, 원인 과 결과 관계를 묻는 문제 등 문제 유형 다양화하기

5　출제한 문제를 직접 풀어 보거나 가족들과 함께 풀며 정답 설명하기

지구촌 핫이슈 읽고 기자처럼 글쓰기!

두 억만장자가 벌이는 싸움에 전 세계의 이목이 집중되고 있다. 싸움의 주인공은 일론 머스크와 마크 저커버그. 각각 세계적인 기업 테슬라와 메타의 최고경영자다. 소셜미디어(SNS)를 통해 설전을 벌였던 두 사람이 실제 격투 대결을 벌일 것으로 전해지면서 이들의 행보에 세계인의 관심이 쏠리고 있다. 도대체 이 두 사람이 누구길래 이들의 싸움 소식이 신문, 방송으로 보도되는 걸까? 함께 알아보자.

'괴짜 천재' 일론 머스크

일론 머스크는 타고난 사업가다. 12살 때 직접 만든 게임을 팔아 돈을 벌었고, 20대에 세상에 없던 온라인 결제 서비스를 만들어서 엄청난 부자가 됐다. 그는 벌어들인 돈을 인터넷, 청정에너지, 항공 우주산업에 투자하며 사업가로서 왕성하게 활동하고 있다. 그가 만든 전기자동차 테슬라는 세계적인 브랜드가 되었고, 최근엔 SNS 중 하나인 트위터(현재 '엑스(X)')까지 인수했다.

머스크의 궁극적 목표는 화성에 도시를 건설하는 것이다. 그가 세운 우주선 제작업체 '스페이스 X'는 이 목표를 실현하기 위해 우주선 개발, 로켓 재활용 등 다양한 실험을 진행하고 있다. 이 밖에도 머스크는 태양광 발전사업인 '솔라시티', 위성 인 터넷 '스타링크', 비행기보다 두 배 빠른 초고속 열차 등 공상과 학 영화에서나 볼 법한 다양한 일들을 추진하며 세계적인 영향 력을 과시하고 있다.

'조용한 천재' 마크 저커버그

마크 저커버그는 뛰어난 컴퓨터 프로그래밍 실력으로 유명 하다. 중학생 때 처음 배우기 시작해 무서운 속도로 실력을 키 웠다. 고등학생 땐 인공지능을 활용한 음악용 소프트웨어를 개 발해 무료로 공개하기도 했다. 하버드에 입학한 저커버그는 컴 퓨터 공학을 전공했다. 조용하고 친구가 많지 않았던 그는 사람 들이 자신과 관련 있는 사람들의 정보에 큰 관심을 갖는다는 사 실을 발견했고, 이를 토대로 '페이스북'이란 SNS를 개발했다.

페이스북이 엄청난 인기를 끌자 저커버그는 하버드를 중퇴 하고 사업가의 길로 들어선다. 페이스북은 전 세계 수십억 명의 사람들을 연결하고 소식을 전하며 거대한 기업으로 성장했다. 덕분에 저크버그 역시 억만장자가 되었다. 현재 페이스북은 메 타버스 사업을 추진하며 회사 이름도 '메타'로 바꿨다.

두 컴퓨터 천재의 말싸움, 격투 대결로 이어질까?

두 사람은 공통점이 많다. 둘 다 컴퓨터 천재인데다 세상에 없던 서비스를 개발해 억만장자의 반열에 올랐다. 각자의 자리에서 열심히 일하던 두 사람이 부딪치게 된 건 새로운 SNS 때문이다. 저커버그의 메타가 머스크의 엑스와 경쟁할 새로운 서비스를 출시한 게 발단이 됐다.

온라인상에서 누군가 머스크에게 '주짓수를 하는 저커버그를 조심하라'고 말하자 머스크가 언제든 싸울 수 있다고 맞받아쳤다. 이를 본 저커버그가 대응하면서 싸움에 불이 붙었다. 처음엔 온라인상에서 말싸움만 오갔다. 머스크의 어머니도 자신의 SNS를 통해 "말로만 싸워라."라고 하며 상황을 진정시키려 애썼다. 하지만 〈뉴욕타임스〉에 따르면 두 사람은 실제 격투 경기장에서 만나 대결하기로 이야기를 주고받았으며 현재는 구체적인 장소까지 언급된 상태다.

역사 속 세기의 라이벌

머스크와 저커버그가 SNS 서비스를 놓고 서로 날을 세우고 있는 것처럼, 과거에도 서로 치열하게 대립했던 '세기의 라이벌'들이 적지 않았다. 먼저 전구 발명으로 유명한 토마스 에디슨은 니콜라 테슬라와 전기가 흐르는 방식을 놓고 치열하게 경쟁했다. 이들의 대결은 일명 '전류 전쟁'이라고 불린다. 세계적인 과학자이자 수학자인 뉴턴과 라이프니츠는 '누가 미적분을 먼저 발명했나'라는 문제로 진흙탕 싸움을 벌였다.

우리나라 역사에도 무시무시한 라이벌전이 있었다. 조선 건국을 둘러싸고 고려를 지키려 했던 정몽주와 새 나라를 세우려

했던 이방원이 대립하며 선죽교란 다리 위에서 비극적인 사건이 벌어졌다.

💡 **스트레이트 기사 작성 요령**

스트레이트 기사는 사건, 사고 소식을 육하원칙에 맞춰 짧게 쓴 기사다. ▲누가 ▲언제 ▲어디서 ▲무엇을 ▲어떻게 ▲왜 했는지 핵심 정보만 짧고 굵게 정리한 것이다.

스트레이트 기사의 첫 문장은 '리드(lead)'라고 부르는데, 쉽게 말해 '중심문장' 또는 '주제문'과 같은 역할을 한다. 가장 중요한 내용을 리드에 배치하고, 추가 정보나 예시를 이어 쓰면 된다. 초등 국어 교과서에서 배우는 '중심문장-뒷받침 문장' 쓰기를 떠올리면 쉽다.

스트레이트 기사는 내용이 짧지만 논리적으로 빈틈이 없는 완성도 높은 글이다. 평소 글쓰기 버겁게 느껴진다면 육하원칙에 맞춰 쓰는 연습을 해 보자. 독서록이나 일기를 쓸 때도 스트레이트 기사 형식을 활용하면 알차고 짜임새 있게 내용을 채울 수 있다. 스트레이트 기사 쓰기를 자주 연습하면 긴 글에서 중요한 정보와 그렇지 않은 정보를 선별하는 안목까지 기를 수 있다.

스트레이트 형식으로 독서록 쓰기

경제 기사 읽은 날엔

홈 아르바이트 하고 용돈 기입장 쓰기!

'N잡러'는 직업이 여러 개인 사람을 뜻한다. 스스로 용돈을 버는 학생들도 N잡러가 될 수 있다. 비 오는 날 밤, 부모님을 위해 지하철역까지 우산을 가져다 드렸다면 배달 대행 서비스료를 청구할 수 있다. 동생 수학 숙제를 도와주었다면 교육 서비스를 제공한 대가로 수업료를 받을 수 있다.

집안일을 거들고 부모님께 용돈을 받는 학생이 적지 않다. 일명 '홈 아르바이트'를 하며 직접 벌어 쓰는 법을 배우는 것. 부모들은 홈 아르바이트가 아이들에게 경제 개념과 독립심을 심어주는 데 효과적이라고 말한다.

홈 아르바이트에도 규칙이 필요하다. 어떤 일을 할지, 한 일에 대한 대가는 얼마로 정할지 부모와 아이가 대화를 통해 결정해야 오래 지속할 수 있다.

현명하고 효과적인 소비 생활에 대해서도 이야기 나눌 필요가 있다. 무조건 돈을 모으기만 하거나 버는 족족 다 써 버리는 것은 바람직하다고 볼 수 없기 때문이다. 다음 내용을 읽으며 우리 집만의 홈 아르바이트 규칙을 세우고 현명한 경제활동이란 무엇인지 자세히 알아보자.

① 할 일과 대가 정하기

먼저 어떤 일을 하고 얼마를 받을지 가족이 함께 협의해 결정한다. 예를 들어 재활용 쓰레기를 분리해 버리거나 반려동물에게 밥을 줄 때 일정 금액을 받게끔 정할 수 있다. 요일과 횟수도 정확히 정해 놓는다. 단순하고 쉬운 일은 보수를 낮게 책정한다.

반면 운동화 빨기처럼 비교적 시간이 오래 걸리고 힘든 일은 보수를 상대적으로 높게 책정한다. 보수는 노동의 강도와 가치에 따라 달라지기 때문이다. 실제 사회에서도 특별한 기술이나 전문 지식이 필요한 일은 상대적으로 더 높은 임금을 받는다.

② 특별수당 지급하기

오랜만에 놀러 오신 할머니, 할아버지께 안마를 해 드리거나 사촌동생을 돌봐 주는 등 평소와 다른 임무를 수행했을 땐 특별수당을 받을 수 있다. 쉽게 말해 '보너스' 같은 개념이다. 열심히 연습해 받아쓰기에서 좋은 점수를 얻거나 신문 스크랩을 하고 느낀 점을 쓰는 등 별도의 노력을 기울인 경우도 특별수당 지급 대상에 포함시킨다. 특별수당은 자발적으로 노력하는 자세를 기르는 데 효과적이다.

③ 용돈기입장 쓰기

돈은 버는 것만큼 쓰는 것도 중요하다. 홈 아르바이트를 시작했다면 용돈 기입장 쓰기도 잊지 말자. 돈을 버는 대로 흥청망청 쓰다 보면 친구 생일선물 사기, 어버이날 드릴 카네이션 사기처럼 꼭 필요할 때 돈을 쓰지 못하는 불상사가 생긴다. 아무 생각 없이 충동구매를 하는 일이 잦아지면 잘못된 소비 습관이 몸에 밸 수도 있다.

홈 아르바이트를 하고 받은 돈이나 친척들에게 받은 용돈은 '수입'란에, 쓴 돈은 '지출'란에 꼬박꼬박 적고, 예상되는 지출 목록을 '비고'란에 적어 두면 계획적인 소비생활을 할 수 있다.

④ 절약과 저축

용돈기입장을 쓸 때 기억해야 할 점이 또 있다. 돈을 어떻게 쓸지 구체적인 목표를 적는 것. 예를 들어 이번 겨울방학까지 돈을 모아서 친구들과 눈썰매장에 놀러 간다거나 다음 할머니 생신 때 케이크를 직접 사 드리겠다는 목표를 구체적으로 적어 두면 더 열심히 돈을 모으고 절약하며 생활하게 된다.

부모님과 함께 은행에서 자기 이름으로 된 통장을 개설하거나 돼지저금통을 마련해 두면 더 성실하게 '저축'할 수 있다. 비슷한 공책이면 좀 더 싼 걸 구입하고, 스티커처럼 꼭 필요하지 않은 건 사지 않으면서 '절약'을 생활화하면 돈을 효과적으로 아낄 수 있다는 점도 잊지 말자.

나만의 용돈 기입장 꾸미기

시중에서 파는 용돈 기입장을 구입해 써도 되지만 가능하면 작은 수첩이나 공책을 구입해 나만의 용돈 기입장을 만들어 보자. 예쁘게 꾸미고 정성스럽게 쓰다 보면 애착이 생겨 더 열심히 쓰게 된다.

이달의 목표 :

날짜	들어온 돈	나간 돈	내용	비고

현재까지 저축액	
이달의 반성할 점	
예상 지출 목록	

특별한 인물에 대한 기사를 읽은 날엔

내 맘대로 가상 인터뷰

신문엔 영화에서나 볼 법한 기적 같은 이야기가 실리기도 한다. 비행기 추락 사고로 아마존 정글에 떨어진 4남매가 40일 만에 극적으로 구조(2023년 7월)된 이야기는 영화보다 더 영화 같은 기적이었다.

무시무시한 정글에서 살아남은 4남매 소식을 인터넷 신문에서 찾아 읽어 보자. 40일이란 긴 시간 동안 아이들은 어떻게 두려움을 이겨 냈을까? 아이들을 찾은 수색대원들에게 가장 큰 어려움은 무엇이었을까? 기사를 읽고 궁금한 점을 토대로 가상 인터뷰 기사를 써 보자. 사실을 바탕으로 상상을 더해 글을 쓰면 세상에 하나뿐인 창의적인 글이 완성된다.

좋아하는 스포츠 스타나 연예인, 존경하는 학자나 예술가 등 인물 소개 기사를 읽고 인터뷰 기사를 써도 좋다. 존경하는 선생님, 평소 자주 방문하는 도서관 사서 선생님처럼 주변 인물을 직접 인터뷰하면 보다 생생한 기사를 쓸 수 있다. 관심 분야의 전문가나 대학 교수님께 메일을 보내 인터뷰를 해 보는 것도 도전할 만하다.

인터뷰 기사 쓰기 가이드라인

'인터뷰(interview)' 기사란 질문자와 답변자가 주고받는 대화를 기사 형식으로 정리한 글이다.

인터뷰 전

❶ 인터뷰 상대 정하기

기사를 읽고 대화를 나누고 싶은 인물을 정한다. '아마존에서 살아남은 4남매' 기사를 읽었다면 생존에 결정적 역할을 한 첫째 레슬리 무쿠투이나 끝까지 포기하지 않고 위험한 정글을 수색한 구조 대원을 인터뷰 대상자로 선정할 수 있다. 아이들을 애타게 기다렸을 4남매의 아버지와도 인터뷰를 진행할 수 있다.

❷ 질문 준비하기

인터뷰 대상을 정했다면 그 다음엔 어떤 질문을 던질지 미리 준비한다. 질문을 너무 많이 준비할 필요는 없다. 인터뷰 기사는 질문이 아닌 '답변'이 핵심이기 때문이다. 4남매 중 첫째를 대상으로 인터뷰를 한다면 다음과 같은 질문을 던질 수 있다.

(예시 질문)

Q 생존 지식은 누구에게 배웠니?

Q 건강을 회복하면 가장 먼저 하고 싶은 일은 뭐니?

Q 앞으로의 꿈이 뭐니?

인터뷰 중

대화를 나눌 땐 답변자의 말을 빠짐없이 기록한다. 실제 기자들은 상황에 따라서 대화 내용을 녹음하기도 한다. 대화 도중 궁금한 점이 생기면 바로 추가 질문을 해 답변 내용을 정확히 파악하고 넘어간다.

인터뷰 후

누구를 왜 만났는지 간단히 소개한 다음 대화 내용을 정리해 기사를 쓴다. 대화 내용을 고려해 질문과 답변을 그대로 옮겨 적거나 이야기처럼 풀어 쓴다. 전문 가와의 인터뷰라면 Q&A 형식으로 질문과 답변을 정확히 정리하고, '아마존에 서 살아남은 4남매'처럼 극적인 사건인 경우 이야기를 들려주듯 서술하는 게 효 과적이다.

<OO과의 가상 인터뷰>

가짜 뉴스와 진짜 뉴스, 어떻게 가려낼까?

일본이 후쿠시마 제1 원자력발전소 오염수를 바다에 방류하겠다고 밝힌 후(2023년 8월) 우리 사회가 찬반 논란으로 발칵 뒤집혔다. 여론은 '과학적으로 무해하다'는 측과 '오염수 방류를 용인해선 안 된다'는 측으로 양분됐고, 정치권에서도 날카로운 공방이 오갔다. 그 사이 인터넷에선 온갖 괴담이 떠돌았다. 가짜 뉴스가 진짜 뉴스로 둔갑해 공공연하게 퍼져 나가기도 했다. 사회가 혼란스러울 때마다 등장하는 가짜 뉴스와 괴담들, 어떻게 가려내야 할까?

① 떠도는 이야기 속 숨은 '사실' 찾기

먼저 출처가 명확한 정보를 찾는다. 인터넷엔 누가 작성했는지 모르는 출처 없는 글들이 많다. 이런 글들은 가짜일 확률이 높으니 무조건 믿으면 안 된다. 국제기구나 정부에서 발표한 연구 결과, 관련 분야 과학자나 교수가 쓴 칼럼 등 신뢰도 높은 자료를 찾는 게 우선이다.

➡ 언론사에서 작성한 기사나 신뢰도 높은 자료를 2개 이상 찾아 출력한다.

② 정보에서 '사실'과 '의견' 분리하기

방사능 오염수처럼 논란이 많은 이슈는 여러 글을 비교, 대조하며 읽는 게 바람직하다. 이렇게 하면 어떤 게 사실이고, 어떤 게 글쓴이의 주장인지 구별할 수 있다. 주장은 한 사람의 의견일 뿐이니 사실로 오해하면 안 된다. 일부러 사람들의 공포심을 부추기거나 자기 의도대로 여론을 조작하기 위해 '나쁜 뉴스'를 만드는 사람들도 있으니 조심해야 한다.

➡ 사실인지 의견인지 여러 자료를 교차 비교하며 표를 만들어 정리한다.

③ 매의 눈으로 '검색'하기

정보 속에 포함된 수치나 사진 자료가 '가짜'인 경우도 있다. 이럴 땐 신뢰도 높은 언론사들의 기사만 노출시키기는 포털사이트 '뉴스' 탭에서 의심스러운 부분을 검색해 본다.

➡ 내가 찾은 사실을 검색을 통해 한 번 더 확인한다.

④ 내가 쓰는 '진짜 뉴스'

위 세 단계를 거쳐 얻은 사실을 바탕으로 글을 쓴다. '일본의 방사능 오염수 방류'에 대한 사실과 우리 삶에 미칠 영향을 글로 정리해 보는 것. 자료를 참고해 구체적인 수치와 사진을 넣고, 전문가 의견을 인용해 전망을 덧붙이면 글의 완성도가 높아진다. 육하원칙을 기본 뼈대로 삼으면 더 쉽게 쓸 수 있다.

미디어 리터러시

'미디어 리터러시'란 방송, 신문 등 미디어를 이해하는 능력이다. 구체적으로 각 매체가 우리에게 제공하는 내용이 사실인지, 숨겨진 의도는 없는지 정확히 파악하고 읽어 내는 힘을 뜻한다. 지금까지 살펴본 내용은 미디어 리터러시를 키우는 훈련 과정이다. 논란이 되는 이슈가 등장할 때마다 '진짜 뉴스'와 '가짜 뉴스'를 구별하는 연습을 꾸준히 해 보자.

새로운 사회현상에 관한 기사를 읽은 날엔

'법' 만들어 보기

편리하지만 위협적인 로봇,
해결책은 윤리야!

요즘은 어디에서나 로봇을 볼 수 있다. 박물관에선 로봇이 길을 안내해 주고 동네 음식점에서도 로봇이 음식을 가져다준다. 그만큼 우리 생활은 편리해졌다. 그런데 로봇이 여러 분야에 많이 쓰이기 시작하면서 뜻밖의 문제들이 발생하기 시작했다. 로봇이 도입되며 사람들의 일자리를 차지하기 시작한 것. 심지어 전쟁터에선 인간을 위협하는 살상 무기로 쓰이기까지 한다. 앞으로 인류는 어떻게 로봇을 활용해야 할까? 함께 알아보고 논의해 보자.

사람 대신 일하는 로봇 vs 사람을 대체하는 로봇

불과 30~40년 전만 해도 로봇은 소설이나 영화 속에서 볼 수 있던 존재였다. 하지만 이젠 공장 같은 산업현장에서, 산불이나 지진이 난 재난 현장에서 로봇들이 사람을 대신해 눈부시게 활약하고 있다.

애초에 로봇은 고된 육체노동을 대신하도록 고안된 기계였다. 로봇의 어원인 체코어 '로보타(robota)' 역시 '중노동'이란 뜻을 가지고 있다. 로봇 덕분에 사람들은 힘들고 위험한 일에서 벗어나 창조적인 일에 몰두하게 됐다.

사람보다 강하고 똑똑한 로봇의 등장

문제는 과학 기술이 빠르게 발전하면서 사람보다 더 강하고 유능한 로봇들이 등장하기 시작했다는 점이다. 의사처럼 수술하는 로봇부터 인간에게 판결 내리는 로봇까지 인간의 고유 영역이라고 믿었던 분야에서도 로봇의 활약이 두드러지게 나타나고 있다.

최근엔 세계 곳곳에서 사람들이 로봇에 밀려 일자리를 잃는 현상까지 벌어지고 있다. 2023년 5월 세계경제포럼(WEF)은 '일자리의 미래 2023' 보고서를 통해 비서, 계산원 같은 단순 사무직을 포함해 총 2,600만 개의 직업이 사라질 것으로 예상했다.

2023년 6월 미군이 진행한 가상 군사 훈련에서는 더 끔찍한 일이 벌어졌다. 훈련 통제권을 가지고 있던 인공지능(AI)이 목표 달성에 어려움을 겪자 걸림돌이 된다고 판단된 인간 통제관을 제거해 버린 것이다. 실제 우크라이나와 러시아 사이에 벌어지고 있는 전쟁에선 폭격용 드론이 투입돼 살상 무기로 쓰이고 있다. 일부 전문가들은 AI의 무분별한 개발이 핵무기만큼 위험하다며 경고의 목소리를 높이고 있다.

법은 이렇게 만들어진다!

AI가 장착된 로봇과 인간은 공존하며 살 수 있을까? 로봇을 인간에게 이로운 방향으로 활용하려면 어떤 법이 필요할까? 아래 과정을 따라 직접 법을 만들어 보자.

① 발의하기: 어떤 법을 만들지 생각해 보기.
법을 만들기 전, 생활하면서 불편했던 점이나 부당하다고 느꼈던 점을 떠올려 본다. 반대로 평소 꿈꿔 왔던 내용을 법으로 만들어 볼 수도 있다. 예를 들어 직접 게임을 만들어 보고 싶었던 학생이라면, 학교 정규 수업으로 '게임 제작'을 포함시키는 법을 만들어 볼 수 있다.

② 심사하기: 내가 만든 법이 사회에 꼭 필요할지 생각해 보기.
사람들이 발의한 내용이 모두 법이 될 수 있는 건 아니다. 우선 그 법에 관련된 사람들이 모두 공감할 수 있어야 하고, 현실적으로 가능한 일이어야 한다. 또 누구에게, 어디서 이 법을 적용할지도 확실히 결정해야 한다. 그래서 입법공무원들은 새로운 의견이 들어오면 현실성이 있는지, 우리나라 상황에 맞는지 꼼꼼히 내용을 따져 본다. 앞서 '게임 제작' 수업을 정규 과목에 넣겠다는 생각은 어떨까? 또래 친구들에겐 큰 호응을 얻겠지만 선생님들께서는 반대할 가능성이 크다.

③ 의결하기: 찬성, 반대 투표하기.
심사를 거친 의견은 투표로 넘겨진다. 법을 만드는 국회의원들은 신중하게 생각한 뒤 찬성 또는 반대에 투표를 한다. 국회의원 절반 이상이 모이고, 모인 의원 중 절반 이상이 찬성해야 진짜 법으로 인정받을 수 있다.

가족끼리도 얼마든지 법을 만들 수 있다. 우리 집에서 가족이 함께 지킬 법을 함께 만들고 지켜보자. 대화를 나누다 보면 서로의 생각 차를 느낄 수 있고, 협의하에 법을 정해 놓으면 서로 다툴 일이 줄어들고 사이도 훨씬 좋아진다.
법제처에서는 어린이들을 위한 '어린이법제관 제도'를 운영하고 있다. 어린이들에게 법을 쉽게 알려 주고 법에 대한 관심을 높이기 위해 마련된 제도다. 법에 관심이 있는 학생이라면 꼭 법제처 누리집(www.moleg.go.kr)을 확인해 보길 권한다.

내가 만든 법 소개하기

신문 읽고 창의적인 글쓰기

　　요즘 직장인들 사이에서 '블라인드(blind)'란 온라인 커뮤니티가 인기를 끌고 있다. '보이지 않는다'는 뜻의 이름처럼, 블라인드는 익명이 보장된 온라인 모임이다. 이용자들은 자기가 누군지 밝히지 않고 개인적인 문제부터 회사에 대한 불만까지 거침없이 터놓고 이야기를 나눈다.

　　'악플러(악성 댓글을 다는 사람들)'들이 활개를 치고 다닐 것 같지만 오히려 그 반대다. 이 공간은 익명의 순기능을 잘 이용한 덕분에 전 세계 900만 명이 사용하는 커뮤니티로 성장했다. 잘 쓰면 약, 못 쓰면 독이 되는 '익명성'에 대해 함께 이야기 나눠 보자.

① 익명성은 나쁜 점만 있는 게 아니다?

　　집단 내에서 따돌림을 당하거나 누군가에게 괴롭힘을 당할 때 도와 달라고 외치고 싶은 마음이 굴뚝 같아진다. 하지만 혹시 불이익을 당하지 않을까, 괜히 주변 사람들에게 걱정을 끼치지 않을까 걱정돼 쉽게 털어놓지 못하는 사람들이 많다. 어린 학생뿐만 아니라 어른도 사회생활을 하면서 비슷한 어려움을 겪는다.

　　이렇게 말 못할 고민들로 고통받고 있는 직장인들에게 블라인드가 큰 위로가 되고 있다. 블라인드는 이름, 나이, 직업 같은 개인 정보를 드러내지 않고 솔직하게 마음을 털어놓을 수 있는 익명의 온라인 공간이기 때문이다.

누군가 블라인드에 글을 써서 올리면 비슷한 경험을 했거나, 문제 해결을 도울 수 있는 이용자들이 나서 정보를 공유하며 적극적으로 글쓴이를 돕는다. 여러 사람이 머리를 맞대고 다양한 생각과 정보를 공유하기 때문에 블라인드를 이용자들은 문제 해결에 큰 도움을 얻을 수 있다.

② 모르는 사람끼리 도울 수 있을까?

블라인드에선 얼굴도 모르는 낯선 타인들끼리 서로를 응원하고 돕는다. 블라인드 관계자는 "불가능한 일처럼 보이지만 오히려 서로 누군지 모르기 때문에 거리낌 없이 자기 경험을 나누고 도울 수 있다."고 설명했다. 익명성이 갖는 순기능이 진가를 발휘하고 있는 셈이다.

이용자들 사이에 상부상조하는 분위기가 형성되면서 블라인드는 세계적으로 큰 주목을 받고 있다. 이용자 수가 급증하며 한국계 스타트업 최초로 미국 시사 주간지 〈타임TIME〉이 발표한 '세계에서 가장 영향력 있는 100대 기업'에 선정되기도 했다.

③ 어른들에게만 가능한 일일까?

어른들만 익명성의 순기능을 잘 활용하는 것은 아니다. 사실

블라인드처럼 누군지 드러내지 않고 의사 표현을 할 수 있는 방법은 학교에도 있다. 바로 '소원함'이다. 소원함은 학교, 학급마다 부르는 이름이 조금씩 다르지만 기능은 거의 같다. 선생님이나 친구들에게 건의하고 싶은 일이 생겼을 때 이름을 밝히지 않고 쪽지에 쓴 다음 소원함에 넣으면 된다.

선생님과 학생들은 학급 회의 시간에 소원함을 열고 건의 사항들을 함께 읽는다. 그런 다음 어떻게 해결하면 좋을지 다 함께 의논해 결정한다. '오전 독서 시간에 학습만화도 보게 해 달라'거나 '급식을 빨리 먹은 날엔 운동장에서 놀게 해 달라' 등 평소 선생님이나 친구들의 눈치를 보느라 하지 못했던 말이 있다면 익명의 순기능을 활용해 속 시원하게 말해 보자. 혹, 아직 학급에 소원함이 없다면 이 글을 학급에 소원함 설치를 건의해 보는 건 어떨까?

④ 소원함에 안 좋은 글을 써서 넣는 사람이 있다면 어떡할까?

익명성을 나쁘게 이용하는 사람들은 어디에나 있다. 그런 사람들은 자기 행동을 아무도 모를 거란 비겁한 마음으로 누군가를 공격하거나 상처 주는 글을 쓴다. 인터넷에선 이런 행동을 하는 사람들을 '악플러'라 부른다.

여기서 기억해야 할 점은 익명성엔 순기능과 역기능이 동시에 존재한다는 사실이다. 이 점을 정확히 인지하고 우리 모두 익명성을 긍정적인 방향으로 활용하도록 노력해야 한다. 이번 기회에 익명성의 순기능을 강화하고 역기능을 줄일 수 있는 방법에 대해 논의해 보자. 만약 악플러처럼 행동하는 친구가 있다면 어떻게 할지 구체적인 방법도 생각해 보자.

네 생각을 말해 봐!

친구, 가족들과 익명성의 좋은 점과 나쁜 점에 대해 이야기해 보자. 익명성엔 순기능이 더 많을까? 아니면 역기능이 더 많을까? 순기능으로 얻을 수 있는 이익과 역기능으로 인해 발생하는 피해를 떠올리며 표를 작성해 비교해 보자.

	익명성의 순기능	익명성의 역기능
1		
2		
3		
4		
5		

네 생각을 써 봐!

'임금님 귀는 당나귀 귀'란 이야기를 읽고 '블라인드'와 연결지어 생각해 보자.
이야기 속 이발사는 당나귀 귀를 닮은 임금님 이야기를 아무에게도 전하지 못해 결국 비극적으로 죽게 된다.
이발사에게 블라인드 같은 온라인 공간이 있었다면 결말은 어떻게 달라질까?

시간적 배경을 '현대'로 바꾸고 이야기를 다시 써 보자. 가족, 친구들과 이야기를 서로 바꿔 읽으며 생각 주머니를 콕콕 자극해 보자.

내가 쓰는 현대판 '사장님 귀는 당나귀 귀'

바른 교육 시리즈 39

문해력부터 수능 비문학까지 자기주도학습으로 대비하기

교과서가 쉬워지는 초등 신문 읽기

초판 1쇄 인쇄 2024년 4월 25일
초판 1쇄 발행 2024년 5월 6일

지은이 이혜진

대표 장선희 **총괄** 이영철
책임편집 정시아 **기획편집** 현미나, 한이슬, 오향림
마케팅 최의범, 김현진, 김경률
디자인 양혜민, 최아영 **외주디자인** 프롬디자인(@fromdesign_studio)
경영관리 전선애

펴낸곳 서사원 **출판등록** 제2023-000199호
주소 서울시 마포구 성암로 330 DMC첨단산업센터 713호
전화 02-898-8778 **팩스** 02-6008-1673
이메일 cr@seosawon.com
네이버 포스트 post.naver.com/seosawon
페이스북 www.facebook.com/seosawon
인스타그램 www.instagram.com/seosawon

ⓒ이혜진, 2024

ISBN 979-11-6822-249-6 13590

서사원은 독자 여러분의 책에 관한 아이디어와 원고 투고를 설레는 마음으로 기다리고 있습니다.
책으로 엮기를 원하는 아이디어가 있으신 분은 이메일 cr@seosawon.com으로 간단한 개요와 취지,
연락처 등을 보내주세요. 고민을 멈추고 실행해보세요. 꿈이 이루어집니다.

잘라서 쓰는 속뜻 표현 풀이

기사 속 표현	속뜻 풀이
첫 삽을 뜨다. 착수하다.	시작하다.
하락세에 접어들다.	줄어들기 시작했다.
촉각을 곤두세우다.	집중하다.
도마에 오르다.	논란이 되다.
물의를 빚다.	문제를 일으키다.
뜨거운 감자로 떠오르다.	다루기 어려운 문제가 되다.
문턱이 높아지다.	어려워지다.
힘겨루기 중이다.	의견이 다른 두 사람 또는 단체가 서로 버티고 있다.
수순을 밟다.	순서대로 일을 진행하다.
골이 깊다.	갈등이 깊다.
내홍에 휩싸이다. 내홍을 겪다.	같은 편끼리 싸우다.
저울질하다.	서로 비교해 보다.
초유의 사태가 벌어지다.	처음 있는 일이다.
승부수를 띄우다.	지고 있는 상황에서 결과를 뒤집기 위해 마지막 전략을 쓰다.
인사를 단행하다.	어떤 자리에 사람을 임명하다.
백기를 들다.	항복하다.
최대 변수가 되다.	결과를 뒤바꿀 수 있는 일이 되다.
내리막 길을 걷다.	쇠퇴하다.
외나무다리에서 만나다.	싫어하는 사람과 피할 수 없는 상황에서 만나다.

기사 속 표현	속뜻 풀이
막이 오르다. 막을 내리다.	시작하다. 끝내다.
열매를 맺다.	성과가 나다.
물고 늘어지다.	끈질기게 캐묻거나 덤비다.
꼬투리를 잡다.	괜히 헐뜯거나 트집을 잡다.
귀추가 주목되다.	어떤 일이나 상황이 관심을 끈다.
도화선이 되다.	일이 일어나게 된 직접적 원인이 되다.
유명세를 치르다.	이름이 널리 알려져 불편을 겪거나 곤욕을 치르다.
마음을 접다. 마음을 졸이다.	포기하다. 애가 타다.
구설수에 오르다.	험담에 시달리다.
입방아를 찧다.	말을 방정맞게 자꾸 하다.
촌각을 다투다.	시간에 쫓기다.
성에 차다. 성에 차지 않다.	흡족하다. 불만족스럽다.
양날의 검	장점과 단점을 모두 가지고 있다.
하마평	(어떤 자리에 오를) 후보자에 대한 소문
옥석을 가리다.	좋은 것과 나쁜 것을 분간하다.
요원하다.	아득히 멀다.
목을 매다.	① (사람이 무엇에) 전력을 다하다. ② (사람이 무엇에) 전적으로 의존하다.
눈총(을) 주다.	(다른 사람을) 독기 어린 눈으로 쏘아보다.
사력을 다하다.	(어떤 일을) 죽을힘을 다해 하다.